VITTORIO SORGE

IL BENESSERE ACUSTICO

Idee e Consigli Utili Per Insonorizzare e Risolvere Definitivamente I Problemi Di Rumore

Titolo

"IL BENESSERE ACUSTICO"

Autore

Vittorio Sorge

Editore

Bruno Editore

Sito internet

http://www.brunoeditore.it

Sommario

Introduzione

Il benessere acustico è il vero punto di arrivo di questo libro ed è anche l'inizio di una nuova vita. Per chi soffre a causa di un problema di rumore, tornare a stare bene è un traguardo importante da cui ripartire più forti e consapevoli.

"Guardi Sorge, se lei sapesse cosa ho passato!", ma anche "Se solo avessi immaginato questo risultato, vi avrei chiamato anni fa!". Sono queste le frasi più frequenti che ascoltiamo dai nostri clienti che tornano a dormire in pace, che non sentono più il ronzio che da tempo trapanava loro il cervello e godono di un ambiente, finalmente, a misura di orecchie.

Il benessere acustico è una parte importante dello stato di salute e non lo dico io. Lo dimostrano centinaia di studi: per un benessere complessivo e uno stato di salute armonico ed equilibrato, è indispensabile vivere in una condizione di benessere acustico che non è scontata qualche volta.

Non parliamo di silenzio assoluto (attenzione) ma di comfort, di benessere, di una situazione piacevole. E questo significa equilibrio: suoni e rumori adatti al momento della giornata, al luogo e al contesto, all'attività che si sta svolgendo e anche al proprio stato d'animo.

Vuol dire alternare momenti in cui si è consapevolmente esposti al rumore con altri di pace e quiete; significa portare rispetto verso gli altri ma, anche, ricevere in cambio la stessa delicatezza.

Chi vive nel *malessere* acustico, non gode nemmeno di ottima salute: mal di testa, nervosismo, insonnia e battito cardiaco accelerato sono i sintomi principali di chi soffre un rumore eccessivo.

Qualcuno consiglia di "Non pensarci" di "Concentrarsi su altro", senza sapere che questo non è possibile. Lo stimolo sensoriale che arriva dall'udito ha natura prioritaria per il nostro sistema nervoso che inconsapevolmente, sia di giorno che di notte, investe una parte rilevante della sua attenzione per captare suoni e rumori in ottica di salvarci dai pericoli e consentirci di sopravvivere.

Il rumore, quando è eccessivo o troppo invadente, infastidisce chiunque: è una fonte di stress, diminuisce la concentrazione e compromette, nel lungo periodo, la salute uditiva.

Per fortuna, per alcuni, il disagio acustico è una situazione solo temporanea, confinata ad alcune occasioni della giornata, per esempio nel traffico, oppure in un bar o in un ristorante eccessivamente rumorosi.

Per altri potrebbe essere una costante nell'ambiente di lavoro o della propria attività: e ampliandosi in termini di durata o di intensità, l'esposizione al rumore tende a creare maggior disturbo e a influire in modo negativo sulla lucidità e sull'attenzione.

La condizione più grave, però, è quando il rumore invade il proprio ambiente domestico. E questo complica tutto. La casa, infatti, dovrebbe rappresentare un luogo di pace a cui tornare per riposare e rigenerarsi.

La notte e la quiete sono preziosi per quello che è uno dei processi fisiologici più complessi e importanti per la nostra salute: il sonno, ovvero quell'apparente stato di riposo in cui il nostro organismo svolge importantissime funzioni vitali come la riparazione dei tessuti, l'eliminazione delle scorie e il consolidamento della memoria.

Chi ha vicini rumorosi e maleducati, chi abita sopra un laboratorio artigianale che fa rumore, chi subisce fino a notte inoltrata la musica di un locale o le chiacchiere della gente sulla strada è in pericolo.

Quelle scatenate dai rumori sono emozioni negative che agiscono piano piano sulla salute: non c'è nessuna conseguenza immediata, nulla di cui preoccuparsi apparentemente. La loro è un'azione simile a quella di una goccia d'acqua sulla roccia: è infatti nel medio/lungo periodo che si hanno gli effetti più devastanti.

In venti anni di isolamenti acustici ho sentito migliaia di episodi e ho visto, con i miei occhi, dei clienti piangere sentendosi completamente impotenti di fronte al rumore.
Parlo ogni giorno con persone che, con la voce rotta, mi raccontano di assumere farmaci per dormire perché si sentono oppressi da chi

abita sopra, sotto, di fianco. E cambiare casa, spesso, non è una soluzione praticabile.

È a tutti loro che dedico queste pagine con la speranza che chi ha un problema di rumore smetta di pensare di poter resistere ancora un po' e prenda l'iniziativa per riappropriarsi del suo benessere acustico e ricominciare a vivere.

Capitolo 1:
Risolvere i problemi di rumore

Io lo dico sempre, i problemi di rumore si possono risolvere. O almeno, per la maggior parte c'è una soluzione che migliora la qualità della vita.

Certo in qualche caso non è facile, ma è per questo che ci sono i professionisti. E con professionisti intendo tecnici ed esperti che conoscano la fisica acustica e abbiano esperienze vive e reali in tema di insonorizzazione.

La pratica quindi, ma anche la grammatica, perché quello di cui parliamo è – come l'elettromagnetismo e la luce – uno dei fenomeni fisici più complessi della natura.

Sono centinaia di anni che gli uomini e la scienza studiano i suoni e le nuove scoperte sono all'ordine del giorno: è un mondo fantastico ma anche molto tecnico e conoscerlo non è un optional, è fondamentale per non sbagliare.

Ogni suono, infatti, ha una struttura fisica diversa. Non parliamo però solo di volume o di una diversa intensità percepita dalle orecchie: ogni rumore si comporta proprio in modo diverso dagli altri.

Il rumore di una sirena, per esempio, è facilmente annullabile con un materiale fonoisolante, ma l'abbaio di un cane no, non è azzerabile. Ma perché no? Cosa cambia fisicamente tra i due rumori entrambi fastidiosi?

Piccoli e semplici cenni di fisica acustica
Dal punto di vista fisico, un suono (o un rumore) è una variazione di pressione. Una sorgente sonora – per esempio una corda di chitarra che vibra o un oggetto che cade – genera una pressione sulle molecole di aria che la circondano provocandone l'oscillazione.

Oscillando, ogni molecola d'aria investe le molecole che le stanno accanto che, una alla volta, vengono spinte a scontrarsi con altre ancora e così, con un effetto a catena, la pressione si muove nello spazio sotto forma di onda.

Quando questa variazione di pressione arriva vicina alle nostre orecchie (in particolare quando investe il timpano e le cellule ciliate) il nostro sistema nervoso la avverte e la interpreta come un suono.

Proprio come quando si getta un sassolino nell'acqua. L'impatto superficiale crea una pressione che, allontanandosi progressivamente dal punto sorgente, fa via via oscillare le particelle di acqua che incontra.

Ogni molecola d'acqua è investita dalla pressione, viene perturbata e oscilla verso l'alto. Poi scende verso il basso compiendo un percorso di pari ampiezza e, infine, torna alla sua posizione di partenza.

Le onde che si creano nell'acqua si diffondono a raggio intorno al punto di impatto così come le onde sonore si propagano in tutte le direzioni con l'unica differenza che quelle nell'acqua sono trasversali (spostano l'acqua in su e in giù) mentre quelle dei rumori sono longitudinali (quindi muovono l'aria e qualsiasi altra particella avanti e indietro).

Ero un bambino delle elementari la prima volta che ho sentito questa storia e ne sono rimasto così impressionato e affascinato che ho smesso di ascoltare suoni e rumori solo con le orecchie. Ho iniziato a visualizzarli anche con la mente, a percepirli come onde di pressione che mi arrivano addosso. Come onde del mare.

Anche perché queste tipologie di onde sono molto simili: entrambe, per esempio, non trasportano materia, ma solo energia: ne è una prova il fatto che se lasciamo qualcosa che galleggia vicino al punto di impatto del sassolino, vedremo che non si sposterà per effetto delle onde.

E lo stesso vale per i suoni che non spostano gli oggetti anche quando hanno un volume altissimo.

SEGRETO n. 1: conoscere la fisica del suono non è un optional in questo ambito, ma è l'elemento che distingue chi sa fare isolamenti acustici da chi, invece, si limita a realizzare opere edili utilizzando materiali che hanno anche proprietà acustiche.

Come sentiamo i rumori?

Siamo investiti da centinaia di suoni e voci tutto il giorno ma, in questa miriade di stimoli, ce ne sono alcuni che quasi non percepiamo e altri che, seppur insignificanti, ci logorano. Ma la scienza ancora non è stata in grado di spiegarne il motivo.

Possiamo passeggiare in un parco assorti nei nostri pensieri senza minimamente accorgerci del canto degli uccellini, aspettare alla cassa del supermercato e non sentire nulla delle chiacchiere intorno a noi, ma riusciamo a sentire il vicino del piano di sopra che fa cadere una matita.

Sappiamo riconoscere le persone dal rumore che fanno i loro passi, da come girano le chiavi nella serratura e riconosciamo un amico dal suono della sua auto.

Sono intense e spesse le relazioni che legano i nostri ricordi con i suoni: non dimentichiamo mai le voci che amiamo e una canzone ci può riportare indietro nel tempo.

Si dice che sia proprio l'udito il senso che si sviluppa per primo nei feti e, forse per questo, ha una profonda connessione con la nostra parte di cervello più nascosta, intima e ancora indecifrata.

Ma c'è un rovescio della medaglia: i suoni e i rumori possono, per le stesse ragioni e grazie agli stessi meccanismi, generare dentro di noi emozioni negative. Ci sono rumori e suoni che:

- rallegrano ed eccitano, come le voci allegre dei familiari, la musica;
- richiamano l'attenzione, come i pianti, gli allarmi;
- infastidiscono, come il rumore di qualcosa che stride, che scricchiola;
- incuriosiscono, come dei fruscii o ronzii;
- fanno paura, come un tuono inaspettato, un tonfo.

Cosa cambia tra questi rumori? Perché un tuono ci fa paura e una risata ci rallegra? Dunque, la risposta sta nel tipo di suono e non nel volume a cui lo sentiamo e questa è una conquista importante per imparare a leggere in modo adeguato tutti i suoni da cui siamo investiti.

Proviamo, ora, a disegnare un suono. Abbiamo detto che ha la forma di un'onda.

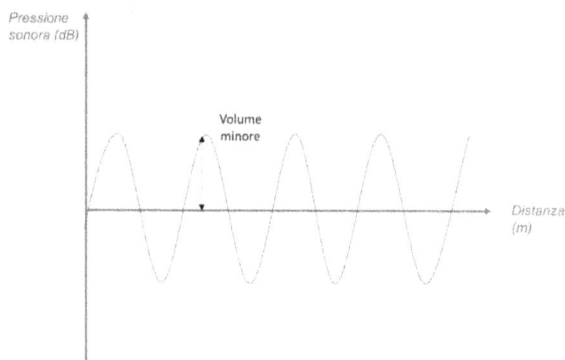

Ora, proviamo a disegnare lo stesso identico suono, ma con un volume diverso, più alto.

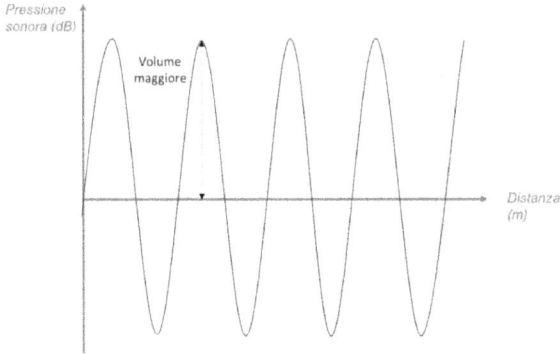

Come si vede, cambia l'altezza dell'onda, la sua intensità o pressione sonora.

Disegniamo ora un suono diverso che, però, viene emesso allo stesso volume: ha la medesima intensità ma ha una lunghezza d'onda maggiore.

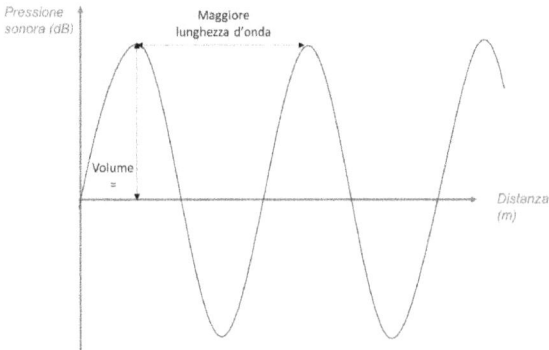

Quando un suono ha una lunghezza d'onda maggiore di un altro significa che ogni particella di aria oscilla meno volte a parità di tempo: e questo vuol dire che il suono ha una frequenza minore.

Ed eccolo qui: è la frequenza. È questo il parametro che rende i suoni così diversi gli uni dagli altri. È il parametro che ha cambiato la mia percezione dei rumori e che, spero, possa cambiare anche il modo in cui chi legge queste righe inizi a rilevare i rumori d'ora in poi.

Non ha nulla a che vedere con il volume, né con la fonte, né con la durata del suono o dell'esposizione ma più che altro con l'inclinazione con cui si insinua dentro di noi.

Guardiamo ora questi due suoni vicini: hanno la stessa intensità, ma uno ha lunghezza d'onda maggiore dell'altro. Uno fa oscillare le particelle più frequentemente, l'altro meno.

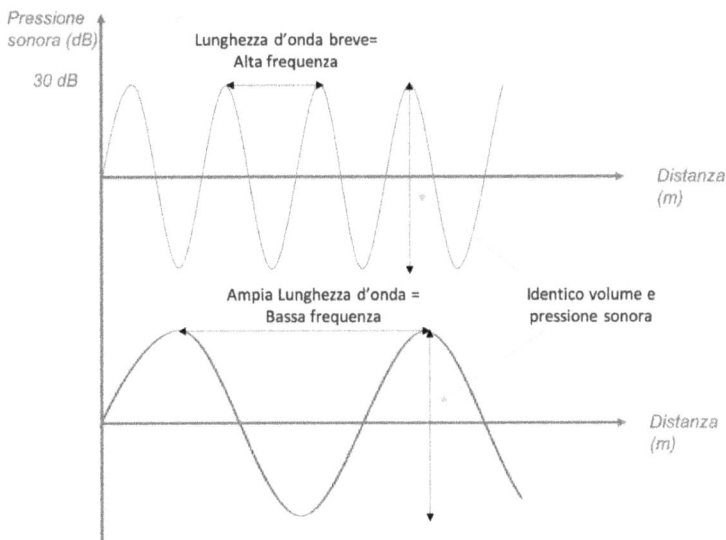

Quello con la linea tratteggiata potrebbe essere il suono di un triangolo (*ding - ding - ding*): acuto, penetrante, alto e pungente. Arriva alle orecchie, alle tempie, alla testa e fa socchiudere gli occhi quando è intenso.

Il secondo suono, quello rappresentato dalla linea continua, invece ha una lunghezza d'onda maggiore e una bassa frequenza: potrebbe essere la nota di un basso, emessa da un subwoofer (*boang - boang*).

Bassa, penetrante, vibrante: si sente nella pancia, nel torace, è una pressione che si avverte fisicamente, più che con le orecchie.

Ovviamente questi due suoni si comportano in modo completamente diverso, non solo sul nostro corpo, ma anche sui materiali: lo stesso materiale non potrà risolverli o schermarli entrambi.

SEGRETO n. 2: suoni con frequenza diversa vengono uditi e percepiti in modo diverso; ma non solo, hanno anche un diverso comportamento nei confronti dei materiali.

Eccoci dunque al punto: per un corretto trattamento dei rumori e per garantire quel benessere acustico di cui abbiamo parlato bisogna conoscere i rumori con cui si ha a che fare.

Se si conosce il rumore profondamente e lo si identifica secondo i suoi parametri più importanti, si può lavorare correttamente:
- per schermarlo, ridurlo, annullarlo, se è fastidioso
- o al contrario, come nella musica, per amplificarlo, valorizzarlo o ripulirlo.

Come conoscere/riconoscere un rumore

Abbiamo detto che per trattare un rumore occorre individuarne il profilo esatto. Peccato, però, sia impossibile farlo a orecchio. C'è un solo modo per conoscere un rumore così nel dettaglio e profondamente: una rilevazione fonometrica.

La misurazione fonometrica è la fotografia delle caratteristiche del suono: della sua frequenza, della sua durata e della sua intensità in termini di pressione e volume.

SEGRETO n. 3: per conoscere a fondo un rumore e definire una strategia per ridurlo, occorre identificarne intensità e frequenza con una misurazione fonometrica.

La rilevazione fonometrica si esegue con un fonometro. Se alla misurazione serve dare un valore legale (ad esempio per perizie o atti di citazione) allora è obbligatorio l'uso di un fonometro di classe 1 a cui viene garantito, dal produttore, il massimo livello di qualità per ciascuno dei suoi componenti.

Per la rilevazione dei rumori senza necessità di valenza legale, invece, bastano anche fonometri che abbiano un livello di classe 2 o 3, ma non più bassi perché il rischio è che non siano in grado di intercettare correttamente tutte le frequenze.

Da qualche tempo sono disponibili anche delle app da cellulare per la misurazione di suoni e rumori. Peraltro, sono quasi tutte gratuite e, alcune, non hanno nemmeno la noia dei banner pubblicitari.

Tra i loro vantaggi c'è il fatto che si possono aggiornare costantemente e utilizzano un software che ha livelli di precisione altissimi che si affina sempre di più nel tentativo di raggiungere il livello di precisione di un fonometro professionale. Il loro limite maggiore, però, è nel microfono.

Per la misurazione dei suoni e dei rumori, infatti, queste app integrate negli smartphone utilizzano i microfoni installati sui telefoni. Questi microfoni, però, sono costruiti e progettati per captare la voce umana e per minimizzare i rumori esterni.

La voce umana ha una frequenza che va dai 300 ai 4.000 Hz e ha un livello di pressione sonora tra i 25 dB (sussurro) e i 90 dB (voce alta) e sono proprio questi gli intervalli su cui sono tarati con maggiore precisione i microfoni dei telefoni.

Misurando suoni e rumori con un'app del cellulare, quindi, si perde di dettaglio e di definizione nella misurazione di:

- tutti i suoni che hanno frequenza inferiore a 300 Hz e superiore ai 4.000 Hz;
- tutti i suoni inferiori ai 25 dB e superiori ai 90 dB;
- e si includono, quindi, pochi dei rumori più fastidiosi.

SEGRETO n. 4: misurando i rumori con un'app dello smartphone, invece che con un fonometro, non si riusciranno a captare e misurare la maggior parte dei rumori più fastidiosi (per esempio: basse frequenze o ronzii).

Dunque, per risolvere un problema di rumore, la prima cosa da fare è vagliare e valutare lo spettro dei suoni con cui si ha a che fare utilizzando uno strumento adeguato e sotto la guida di un professionista che lo sappia usare.

Il secondo è elaborare una strategia di soluzione perché, l'abbiamo detto, per ogni rumore c'è una possibile soluzione. Spesso, specie per i rumori più complessi, non è immediato arrivarci, ma è per questo che ci sono i professionisti.

Questi professionisti sono rari, però. Negli ultimi anni, infatti, l'isolamento acustico ha subito un'evoluzione "popolare" molto simile a quella avvenuta per altri beni e servizi.

La disponibilità estesa, e a costi contenuti, di prodotti e strumenti per l'isolamento acustico (pannelli, fogli di materiali, lastre di cartongesso) ha fatto diffondere l'idea per cui, una volta comprati i materiali, l'isolamento acustico fosse fatto, bastava metterli insieme in qualche modo.

Il fai da te è una maniera straordinaria di godere della manualità, della possibilità di creare qualcosa di unico con le proprie mani, ma non è adatto a tutti i contesti: una cosa è dipingere le pareti da soli, un'altra è installare un impianto elettrico.

E l'isolamento acustico è un argomento molto tecnico in cui è la fisica dei suoni a dettare le regole, non il gusto personale per gli abbinamenti di materiali.

SEGRETO n. 5: ormai tanti negozi di bricolage vendono diversi materiali acustici: questo fa erroneamente pensare che per isolare basti acquistare i prodotti giusti. In realtà la qualità dei materiali è solo uno degli elementi necessari per realizzare un'insonorizzazione efficace.

Un po' come per l'auto, per il fisco ma anche per la salute: quando si ha un problema banale si può intervenire da soli (prendendosi comunque un rischio) ma quando il problema persiste, peggiora o sembra fuori controllo, si deve andare dallo specialista.

E lo specialista, quello bravo, non dà medicine, ricette o consigli uguali per tutti o in base al budget. Perché capita anche questo nel nostro settore. Sono migliaia le piccole ditte che, nei momenti di crisi dell'edilizia vissuti negli anni scorsi, hanno scelto di dedicarsi al cartongesso proponendo anche l'isolamento acustico, come fosse un servizio abbinato, come derivasse solo dal fatto di utilizzare pannelli di cartongesso.

Lo specialista, quello bravo, fa domande, esami diagnostici e valuta ogni situazione per definire la cura perfetta per la singola persona.

Allo stesso modo faccio io insieme alle persone con cui collaboro: visitiamo il cliente e misuriamo scientificamente i rumori per decidere quali materiali utilizzare, con che spessore, densità e coefficienti di isolamento e quale tecnica adottare per l'isolamento acustico e per ridurre la trasmissione di rumore tra gli ambienti.

SEGRETO n. 6: i professionisti non hanno soluzioni standard né definiscono le opzioni in base al budget. I professionisti studiano con attenzione la situazione, fanno misurazioni e scelgono con il cliente il sistema di isolamento acustico più adatto a lui.

Cos'è l'isolamento acustico?

La definizione fisica di "isolamento acustico" è riduzione, attenuazione di un suono grazie alla presenza di un elemento di divisione tra due ambienti.

L'isolamento acustico si misura, in sostanza, come la differenza tra l'intensità di un suono nel locale in cui ha origine e l'intensità che ha, invece, nel locale adiacente. In linea di massima, quindi, se un rumore alla sorgente misura 48 dBA e nella stanza accanto misura 25 dBA, significa che la parete divisoria ha determinato un isolamento acustico di 23 dBA.

dBA è la misura dell'intensità di un suono ponderata per la curva A che identifica la percezione dell'apparato uditivo e che è diversa da quella di un microfono espressa in dB semplici.

SEGRETO n. 7: l'isolamento acustico è la riduzione della pressione sonora di un rumore grazie alla presenza di un elemento tra l'ambiente sorgente e l'ambiente ricevente.

L'isolamento acustico, quindi, parte proprio da qui: frapporre tra due ambienti un elemento che trattenga parte del rumore.

E infatti, si fa proprio così nella vita reale. Quando un rumore ci disturba, chiudiamo la porta o la finestra oppure aggiungiamo una parete di separazione.

Sappiamo, infatti, che la presenza di un ostacolo da superare indebolisce le onde sonore, ma non solo: abbiamo anche la sensazione che un muro spesso trattenga più rumore di una parete di vetro.

E anche questo è confermato dalla fisica: un materiale fa tanta più resistenza al rumore quanto maggiore è la sua massa: si chiama proprio Legge della massa e dice che una parete pesante, a parità di rumore, trasmette meno rumore rispetto a una più leggera (tranne in caso di basse frequenze, ma lo vedremo più avanti).

A questo punto, però, è evidente che non si può pensare di aumentare a dismisura la massa di una parete per migliorarne il potere fonoisolante; lo spessore della nuova parete, infatti, non può occupare metà della stanza da proteggere né gravare eccessivamente sul pavimento.

La strategia migliore, quindi, è quella che combina i materiali migliori tenendo conto della loro capacità di isolamento, del loro peso, ma anche delle caratteristiche dei rumori: perché ogni suono ha un effetto specifico sul nostro sistema nervoso. Avvertire, distinguere e comprendere quell'effetto significa già iniziare a vivere più serenamente.

SEGRETO n. 8: capire il modo in cui i rumori ci investono e come influiscono sulle nostre emozioni è un passo importante per iniziare ad ascoltarli con consapevolezza e senza timore.

Un libro mai visto
Sì, questo è un libro unico nel suo genere. In queste pagine vorrei spiegare e insegnare come si risolvono i problemi di rumore definitivamente ed efficacemente e lo farò descrivendo quello che è il mio metodo di lavoro.

Un metodo unico e sicuro che si basa sulle caratteristiche dei suoni e sulla scelta delle tecniche e degli strumenti giusti.

Tutto questo con la speranza che chi legge impari a vivere il proprio benessere acustico in modo vero e armonico e che nessuno si trovi più in una condizione di rumore ambientale inaccettabile o intollerabile. Perché io ne sono convinto: è la salute il nostro bene più prezioso ed è l'unico su cui valga la pena investire.

Dunque, iniziamo. Con un approccio unico e inedito descriveremo le tecniche e i trucchi per isolare tutti i rumori, indipendentemente dal loro volume; quindi sia i rumori aerei sia quelli impattivi, intendendo con:

- aerei: i rumori la cui emissione avviene direttamente in aria (quindi voci, tv, radio, strumenti ed elettrodomestici in genere)

e con

- impattivi: quelli che si generano quando due solidi entrano in contatto tra loro bruscamente.

Distingueremo poi le alte e le basse frequenze e prenderemo in considerazione anche le loro conseguenze intese come vibrazioni e riverbero.

SEGRETO n. 9: i suoni si distinguono in base:

- **alla loro pressione sonora: in intensi e meno intensi;**
- **alla loro lunghezza d'onda: in basse, medie e alte frequenze;**
- **alla loro origine: in rumori aerei o rumori impattivi;**
- **e, a seconda dei casi, possono generare riverbero oppure vibrazioni nell'ambiente che li riceve.**

RIEPILOGO DEL CAPITOLO 1:

- SEGRETO n. 1: conoscere la fisica del suono non è un optional in questo ambito, ma è l'elemento che distingue chi sa fare isolamenti acustici da chi, invece, si limita a realizzare opere edili utilizzando materiali che hanno anche proprietà acustiche.

- SEGRETO n. 2: suoni con frequenza diversa vengono uditi e percepiti in modo diverso; ma non solo, hanno anche un diverso comportamento nei confronti dei materiali.

- SEGRETO n. 3: per conoscere a fondo un rumore e definire una strategia per ridurlo, occorre identificarne intensità e frequenza con una misurazione fonometrica.

- SEGRETO n. 4: misurando i rumori con un'app dello smartphone, invece che con un fonometro, non si riusciranno a captare e misurare la maggior parte dei rumori più fastidiosi (per esempio: basse frequenze o ronzii).

- SEGRETO n. 5: ormai tanti negozi di bricolage vendono diversi materiali acustici: questo fa erroneamente pensare che per isolare basti acquistare i prodotti giusti. In realtà la qualità dei materiali è solo uno degli elementi necessari per realizzare un'insonorizzazione efficace.

- SEGRETO n. 6: i professionisti non hanno soluzioni standard né definiscono le opzioni in base al budget. I professionisti studiano con attenzione la situazione, fanno misurazioni e scelgono con il cliente il sistema di isolamento acustico più adatto a lui.

- SEGRETO n. 7: l'isolamento acustico è la riduzione della pressione sonora di un rumore grazie alla presenza di un elemento tra l'ambiente sorgente e l'ambiente ricevente.

- SEGRETO n. 8: capire il modo in cui i rumori ci investono e come influiscono sulle nostre emozioni è un passo importante per iniziare ad ascoltarli con consapevolezza e senza timore.

- SEGRETO n. 9: i suoni si distinguono in base:

  - alla loro pressione sonora: in intensi e meno intensi;

  - alla loro lunghezza d'onda: in basse, medie e alte frequenze;

  - alla loro origine: in rumori aerei o rumori impattivi;

  - e, a seconda dei casi, possono generare riverbero oppure vibrazioni nell'ambiente che li riceve.

Capitolo 2:
Schermare le medie e alte frequenze

Introdotti alcuni concetti generali sui suoni, iniziamo a trattare ora qualche caso reale, partendo proprio dalle frequenze medie e alte, che sono quelle che caratterizzano la maggior parte dei rumori a cui siamo esposti quotidianamente.

Perché è vero che ognuno di noi, in casa e fuori, viene investito tutti i giorni da migliaia di onde sonore invisibili. È l'apparato uditivo che si occupa di riceverle e percepirle attraverso le orecchie per poi trasformarle in impulsi nervosi nel cervello.

La scienza ha provato che a seconda della frequenza di un suono, si attivano aree cerebrali diverse. Non parliamo del volume dei suoni o di intensità, ma facciamo riferimento proprio all'altra caratteristica che rende ogni rumore diverso dagli altri: la frequenza.

È davvero un nodo importante questo: ragionare in termini di volume e di dB (o dBA) non è mai sufficiente per comprendere la natura di un problema di rumore, né tantomeno per risolverlo.

E negli anni ne ho avuto conferma migliaia di volte risolvendo errori e improvvisazioni di altri: solo quando si capisce la natura di un rumore si riesce a definire una strategia per fermarlo.

Se ci si limita a misurare il volume di quel suono che dà fastidio, non lo si comprenderà mai correttamente e si progetteranno, sempre, isolamenti acustici che faranno spendere dei soldi senza riuscire a cambiare minimamente la situazione.

Una volta un cliente mi ha raccontato che il titolare di un'altra ditta di isolamenti acustici era stato a casa sua per un sopralluogo. E per rendersi conto della rumorosità dei vicini a fianco, si era messo ad ascoltare le voci attraverso un bicchiere appoggiato alla parete.

Non commento questo episodio, ma ci tengo sempre a raccontarlo perché desidero che si sappia che la professionalità in questo settore inizia sempre e solo con un'analisi approfondita e una misurazione fonometrica seria.

SEGRETO n. 1: conoscere il volume di un rumore e la fonte che lo produce non è sufficiente per schermarlo o ridurlo in modo sufficiente e accettabile. Serve conoscerne la frequenza/lunghezza d'onda e coglierne il comportamento attraverso i materiali.

Dunque, teoricamente le nostre orecchie riescono a captare, quindi a sentire, onde sonore che hanno frequenza compresa tra 20 e 20.000 Hertz (Hz) anche se, con il passare degli anni e con l'invecchiamento, questo intervallo si accorcia: in età adulta si sentono generalmente frequenze fino a 15.000 Hz e da anziani fino a 8-10.000 Hz.

Ma non solo, il nostro orecchio è fisiologicamente molto più sensibile alle frequenze comprese tra i 500 e i 5.000 Hz e riesce a sentire e distinguere con precisione queste frequenze anche quando hanno volume molto basso.

Il parlato, per esempio, rientra in questa fascia: il che prova, dal punto di vista neurologico, quanto, noi essere umani, siamo orientati alle attività sociali e di condivisione con i nostri simili.

Per intenderci, le frequenze medio-alte sono quelle dai 2.000-3.000 Hz in su. Diversi studi hanno analizzato, con immagini di risonanza magnetica per esempio, quali reazioni avessero i cervelli delle persone esposte a queste frequenze.

Si è evidenziato che quando sentiamo suoni dominati da queste frequenze c'è un'area del cervello che si attiva maggiormente: l'amigdala, che è una porzione del cervello molto profonda, deputata al controllo delle emozioni e delle reazioni comportamentali.

L'amigdala fa parte del nostro cervello arcaico e ha la funzione principale di difenderci: valuta i pericoli, identifica le emergenze e stimola la produzione di ormoni che innescano la fuga, il combattimento e l'azione, un po' come l'adrenalina. Quando un evento stimola l'amigdala, lei ci mette in allarme.

SEGRETO n. 2: le alte frequenze vengono percepite con grande precisione dal nostro cervello e agiscono sull'amigdala generando sensazioni di allarme, fuga e pericolo.

In questa fascia di frequenze allarmanti si collocano, per esempio, il verso di alcuni animali pericolosi ma anche le urla di qualcuno in pericolo, i pianti dei neonati.

All'ascolto di tali frequenze, l'amigdala genera allarme perché queste elencate sono situazioni pericolose nelle quali bisogna correre, fuggire o aiutare. E questo chiarisce che c'è una ragione evolutiva e genetica sul perché siamo così sensibili a certe frequenze.

E per la stessa ragione, a quella frequenza gli ingegneri di tutto il mondo fanno suonare anche alcuni particolari strumenti e oggetti di uso comune.

Ecco qualche esempio: la sirena dell'ambulanza ha una frequenza di 2.500 Hz. Ma anche il dispositivo installato su camion, ruspe, muletti e scavatori che si aziona quando viene inserita la retromarcia è un esempio perfetto di questa frequenza: quel *bip-bip* ha un'intensità di circa 100 dBA e una frequenza intorno ai 3.000 Hz, perfetta per generare allarme nell'amigdala.

Anche le suonerie dei messaggi del cellulare e l'allarme che ricorda di indossare le cinture di sicurezza in auto hanno una frequenza appartenente a questa banda e generano in noi l'azione, l'emergenza.

Chi è sottoposto costantemente a questo *range* di frequenze è inconsciamente sempre in allerta. Per esempio, è il caso di chi è sempre immerso nel traffico, di chi ha un vicino troppo rumoroso, di chi è esposto a continui allarmi o sirene durante il lavoro e di chi vive sopra un'attività rumorosa, un asilo o un *dehor* per aperitivi.

Il suo cervello vive in una condizione di emergenza: investito in modo continuativo da medie e alte frequenze resta sempre vigile, pronto a valutare nuovi rumori e a vagliare nuovi stimoli.

E questa, purtroppo, è una condizione che genera un circolo vizioso grave: un cervello continuamente in allerta fa sempre più caso ai rumori peggiorando, così, il suo stato già allertato, generando nuovo stress e dirigendosi verso una condizione patologica.

SEGRETO n. 3: chi vive esposto a troppi rumori che lo infastidiscono entra naturalmente in un circolo vizioso patologico che aumenta il suo stato di allerta e la sua condizione di malessere e stress.

Una nostra cliente, tempo fa, si trovava in una situazione preoccupante. Era così allertata e infastidita dai piccoli rumori dei vicini da non riuscire a smettere di ascoltarli, nemmeno di notte.

Con un livello di attenzione ormai incontrollabile, era in grado di distinguerli e riconoscerli tutti: sentiva quando il vicino accendeva la luce, quando metteva in carica il telefono, quando azionava il forno a microonde.

Questi casi sono meno rari di quanto si creda e in comune hanno sempre un contesto di vicinato difficile a cui, spesso, è impossibile sottrarsi: per questo è meglio "isolarsi" qualche volta.

Proteggersi dalle alte frequenze

Abbiamo detto che le frequenze medio-alte sono quelle dei suoni alti, penetranti e squillanti: di quelli che non si può fare a meno di sentire.

E proprio per queste ragioni, sono rumori che ci fanno distrarre attraendo la nostra attenzione. Questi rumori sono pessimi mentre si lavora, mentre si studia ma anche, e soprattutto, mentre si dorme.

Soprattutto perché l'udito è l'unico senso attivo sempre, 24 ore su 24, proprio perché ha la funzione di proteggerci dai pericoli e garantirci la sopravvivenza.

Mentre dormiamo c'è una parte del cervello che rimane vigile e ascolta, vagliando i rumori che sente. Per alcuni la consapevolezza ha livelli inferiori, ma per altri è possibile essere svegliati da rumori insoliti a cui non si è abituati.

E poi c'è chi vive in quella sensazione di allerta di cui abbiamo parlato che, senza volerlo, sente tutti i suoni e non dorme, si sveglia continuamente al minimo rumore innervosendosi e vanificando, così, ogni tentativo di rilassarsi.

Le medie e alte frequenze sono quelle della musica leggera, del canto ma anche degli strumenti meccanici, delle caldaie, degli elettrodomestici.

Interessante è precisare che, per le loro caratteristiche, i suoni ad alta frequenza sono facilmente schermabili, per due ragioni. La prima è che hanno una lunghezza d'onda breve – per esempio un'onda sonora da 3.000 Hz è lunga 11,5 centimetri mentre una da 8.000 Hz è 4,3 centimetri: si tratta di dimensioni che si possono facilmente raggiungere con un isolamento acustico di spessore medio.

Al contrario, lo vedremo nel capitolo successivo, la lunghezza d'onda dei suoni a bassa frequenza è molto grande (arriva anche ad alcuni metri) e per essere fermata richiederebbe schermi con dimensioni e spessori incredibili.

La seconda ragione è che per la Legge della massa, che vale per le alte frequenze ma non per quelle più basse, maggiore è la frequenza, migliore è l'isolamento acustico a parità di massa solida interposta.

I rumori ad alta frequenza, per quanto siano più penetranti e fastidiosi, si riescono a isolare molto meglio rispetto a quelli a bassa frequenza. E questo è un bel punto di partenza.

Un muro massiccio, come ognuno di noi ha sperimentato almeno una volta nella sua vita, isola dal rumore meglio di un muro sottile. Ma muri troppo ingombranti limitano lo spazio nelle stanze e, non solo, appesantiscono troppo la struttura.

Per questo motivo la tecnica ha cercato e realizzato materiali che potessero avere maggiore massa e densità, mantenendosi però sufficientemente leggeri e non eccessivamente ingombranti.

SEGRETO n. 4: le alte frequenze hanno lunghezze d'onda nell'ordine dei centimetri e si riescono a schermare con relativa facilità.

Isolamento di alte frequenze

Immaginiamo di avere dei vicini all'appartamento accanto, o al piano di sopra che parlano sempre, urlano e ascoltano costantemente la radio o la tv ad alto volume. Normalmente, quello che sentiremmo è un continuo brusio intervallato da suoni e musica.

In una condizione del genere, l'abbiamo detto, il livello di stress è alto perché il sistema uditivo viene stimolato continuamente e non riesce mai a riposarsi: e questa situazione auto-alimenta uno stato di tensione e allerta.

Qualche sprovveduto cartongessista direbbe che per isolare da questi rumori (direbbe lo stesso anche per dei rumori da vibrazione a bassa frequenza) si deve isolare la parete o il soffitto con una combinazione di pannelli fonoassorbenti (o fonoisolanti?) e cartongesso.

Il guaio è che, indipendentemente dal materiale che si sceglie, non è mai sufficiente acquistarlo a metri e appiccicarlo alle pareti, perché a fare il successo di una soluzione è proprio la tecnica di realizzazione dell'isolamento acustico.

Tra un istante vedremo perché, ma il miglior modo per buttare i soldi e non avere risultati è proprio quello di far aderire i materiali isolanti alla superficie che si vuole isolare.

E spieghiamo subito il perché: le onde sonore si propagano sia attraverso i materiali (oltrepassandoli) sia di materiale in materiale (cavalcandoli).

Elementi dell'edificio come il calcestruzzo, gli impianti dell'acqua, le condutture agiscono da veri e propri ponti acustici: il rumore è come se ci salisse sopra per percorrerli fino a dove può, cambiando strada quando serve e raggiungendo anche distanze molto ampie.

Per limitare questo effetto di propagazione, occorre tenere gli elementi fonoisolanti separati, svincolati e senza nessun contatto con pareti, soffitti ecc. Il rumore, infatti, sa approfittare del contatto per attraversare anche il nuovo divisorio isolante diminuendone l'efficacia.

Per questo noi prevediamo sempre soluzioni che lascino:

- una piccola porzione di aria tra la parete esistente e la nuova controparete acustica, perché agisca da molla tra le due masse e lasci come "sfogare" le onde sonore prima che esse tocchino i materiali acustici;

- i nuovi elementi acustici ben separati dal resto dell'edificio, senza contatti quando è possibile. Per esempio, utilizziamo strutture autoportanti o, se questo non è fattibile, utilizziamo dei piedini e degli agganci antivibranti per fissare le strutture che installiamo in modo che sia assicurata l'indipendenza.

Applicare, quindi, il materiale acustico appiccicandolo o avvitandolo direttamente alle pareti è il modo migliore per non risolvere nulla. Anche perché la vite che unisce le due superfici è un perfetto ponte acustico rigido che, non solo fa passare i rumori, ma li fa propagare anche più velocemente di prima. La velocità del suono – che è di 340 millisecondi nell'aria – è di 14 volte maggiore nel ferro (5.000 millisecondi).

SEGRETO n. 5: qualsiasi punto di contatto tra superfici aumenta il passaggio del suono; per aumentare il potere fonoisolante, le superfici vanno tenute separate.

Al contrario dei cartongessisti che banalizzano questi problemi e propongono soluzioni spesso semplicistiche, ci permettiamo di segnalare che ci sono imprese sul mercato che, invece, trattano l'isolamento acustico come fosse una completa ristrutturazione della casa.

Per eliminare il rumore proveniente da una parete o dal soffitto, per esempio, propongono di isolare subito tutta la stanza (4 pareti+soffitto) arrivando a fare preventivi davvero impegnativi, proibitivi spesso.

Come in tutte le cose, oltre al buon senso, ci vuole misura. È vero che ci sono casi per cui l'insonorizzazione di una sola parete potrebbe non essere sufficiente a ridurre in modo adeguato il rumore, ma è vero anche che, se il lavoro è fatto bene e studiato con precisione, ha certamente un apprezzabile impatto sulla riduzione dei suoni fastidiosi e indesiderati. Per questa ragione, noi consigliamo sempre un approccio graduale.

Noi, in genere, studiamo e realizziamo la migliore soluzione per una parete o un soffitto con l'obiettivo di esaurire lì l'intervento e diciamo chiaramente ai clienti, senza paura, se ci sono condizioni che potrebbero pregiudicare il pieno godimento degli effetti dell'insonorizzazione, per esempio, se ci sono nell'ambiente dei rumori impulsivi come quelli di cui parleremo nel Capitolo 6.

L'abbaio di un cane è il caso tipico: non ci sono isolamenti acustici alla portata dei comuni mortali che isolino perfettamente dall'abbaio di un cane che è un suono che, indipendentemente dalla frequenza, ha una forma difficilmente schermabile. È un picco altissimo che non si può silenziare completamente, almeno non con materiali e spessori adatti a una casa.

SEGRETO n. 6: insonorizzare con cura e precisione un elemento divisorio (ad esempio una parete, un soffitto ecc.) dopo aver studiato i suoni in modo analitico permette di apprezzare una notevole riduzione di rumore. È possibile,

però, che alcuni rumori invadano ugualmente la stanza: in questo caso, se il fastidio provocato è importante, sarà necessario insonorizzare anche il resto.

Ora però torniamo al nostro isolamento acustico dai vicini. Ecco come realizzare un isolamento acustico efficace ed efficiente.

Efficace perché schermi la parte più fastidiosa dei rumori garantendo quel meraviglioso benessere acustico a cui tutti dovremmo puntare; ed efficiente perché non preveda una spesa spropositata, uno spessore inaccettabile o esagerato e resti alla portata di un'abitazione.

Volendo, infatti, e aggiungendo materiali diversi, aumentando la massa e la densità del divisorio, i risultati in termini di insonorizzazione crescono di livello, ma non in modo proporzionale purtroppo.

Nel senso che un certo investimento assicura un ottimo risultato ma, duplicando spessori, quantità e spese non si duplica anche l'efficacia di un'installazione. La riduzione del rumore migliora sì, ma con un andamento sempre più lento e piatto rispetto all'aumento dell'investimento.

SEGRETO n. 7: aumentando il materiale, lo spessore e la spesa, i risultati dell'isolamento acustico migliorano, ma in modo non proporzionale: il beneficio extra finale va sempre più assottigliandosi. La soluzione è ottimizzare e bilanciare: massimo risultato con la spesa più ragionevole.

Dunque, in genere, per i rumori aerei a media e alta frequenza, come:
- voci, urla, chiacchiere
- tv, radio
- canto e musica acustica
- rumori di elettrodomestici, aspirapolvere, phon
- rumori elettronici

provenienti da:
- l'appartamento di fianco
- il piano di sopra
- un negozio o esercizio confinante
- un ufficio adiacente.

La soluzione migliore è una controparete (se i rumori arrivano di lato) o un controsoffitto (se arrivano dall'alto).

Quindi: strutture che si affianchino alle pareti o al soffitto esistenti e che siano composte di differenti materiali abbinati tra loro con spessori diversi. E non solo, che siano separate dalle pareti o dal soffitto con uno strato di aria grazie a strutture di sostegno indipendenti.

Il trucco in questo caso è adottare intelaiature elastiche e leggere, di lamiera per esempio, da riempire di materiale fonoisolante e fonoassorbente e da coprire con le lastre di cartongesso.

Nel caso di una controparete, queste strutture di lamiera dovranno essere fissate a soffitto e pavimento con adeguati elementi antivibranti, perché le vibrazioni di una parte si possano trasmettere all'altra con difficoltà.

Nel caso del soffitto, in modo simile, l'ideale è che si utilizzi una struttura autoportante non connessa alla soletta ma alle pareti perimetrali, sempre con l'ausilio di elementi elastico-smorzanti.

Infatti, il risultato dell'insonorizzazione è tanto maggiore quanto minori sono i contatti rigidi tra il primo e il secondo elemento divisorio.

Per un risultato completo, inoltre, la nuova controparete isolante o il nuovo controsoffitto dovrebbero essere completamente sigillati, mantenere la loro perfetta integrità e non avere buchi, fessure nemmeno per le prese elettriche, né per l'illuminazione o altro. Questo perché le onde sonore si propagano anche sfruttando i ponti di aria.

Perché, in realtà, l'ideale in tema di isolamento acustico sarebbe proprio la totale assenza di aria, ovvero il vuoto, che infatti non trasmette nessun rumore.

Nel tempo si sono provate alcune soluzioni di insonorizzazione basate sul vuoto che però si sono, sempre, scontrate con la difficoltà connessa all'innaturalità di questa condizione. Non ci sono materiali, guarnizioni e chiusure che tengano per sempre e la condizione di "vuoto" tende nel medio periodo a riempirsi nuovamente di aria annullando il beneficio acustico.

L'aria è ovunque e si intrufola in ogni piccolo spazio, come fessure, pertugi, passaggi per cavi e scatolette elettriche e agisce come un vero e proprio ponte per le onde sonore che la cavalcano per trasmettersi.

Per limitare la trasmissione dei rumori nell'aria, occorre quindi fare attenzione a ridurre – o schermare, isolandole – tutte le possibili strade in questo senso.

Qualsiasi fenditura nel sistema è, ovviamente, una perdita di isolamento acustico e andrebbe evitata. Allo stesso modo è raccomandabile non installare mensole, staffe o altro sulle contropareti isolanti.

SEGRETO n. 8: **l'aria è un perfetto mezzo per la propagazione dei suoni: per un isolamento efficace occorre una perfetta sigillatura degli elementi, nessun buco o passaggio per il massimo risultato.**

Veniamo ora ai materiali da utilizzare: per far sì che i rumori tornino nella stanza da cui sono venuti, l'ideale è applicare materiali fonoisolanti all'isolamento acustico.

Anche se nei migliori isolamenti è previsto altresì un piccolo strato di materiale fonoassorbente che riduca la propagazione dei rumori attraverso l'aria dell'intercapedine stessa.

Quanto alla copertura: dovrebbe essere costituita da almeno due lastre di cartongesso ad altissima qualità sovrapposte a giunti alternati e rivestite, almeno sulla faccia in aderenza, con una superficie fonoisolante ad alta o altissima densità che diminuisca le eventuali vibrazioni generate del contatto tra di loro.

Quella appena descritta è una semplificazione – a scopo divulgativo ovviamente – dell'esclusiva tecnica che usiamo noi di Sorgedil per i nostri isolamenti acustici: SuonoStop™ che è uno degli elementi che ci distinguono da chiunque altro nell'ambito del trattamento dei rumori.

SuonoStop™ è una tecnica straordinaria, una ricetta unica che abbina la posa più efficace con i migliori materiali acustici fonoisolanti.

Materiali fonoisolanti

Sono decine i materiali che hanno proprietà fonoisolanti: anche il cartone, se messo davanti all'orecchio, diminuisce l'intensità del rumore che si sente.

Qui, però, il punto è quello di ottimizzare: bisogna trovare materiali che siano adatti a schermare le onde sonore con diverse lunghezze d'onda ma che, contemporaneamente, siano anche efficaci, non richiedano eccessivo spessore, non siano troppo pesanti, abbinino dove possibile anche caratteristiche fonoassorbenti oltre che fonoisolanti e abbiano un costo sostenibile (anche a livello ambientale).

Ma non solo, dovrebbero essere anche duraturi, solidi, adatti a restare chiusi per sempre in una struttura edilizia, non devono essere attaccabili dalle muffe né fare condensa; serve che non richiedano manutenzione e che non si usurino o si sgretolino e ultimo, ma importantissimo, occorre che siano atossici, salubri, adatti ad ambienti chiusi e domestici, non infiammabili e sicuri nel senso più ampio del termine.

Gli unici materiali che si conformano a tutti questi requisiti sono:
- le lane minerali
- le gomme EPDM ed SBR.

Le lane minerali più diffuse sono la lana di vetro e la lana di roccia che, peraltro, sono materiali totalmente eco-sostenibili: le materie prime di cui sono composte sono disponibili in natura in quantità praticamente inesauribili.

Si ottengono infatti dalla miscela di vetro, rocce e minerali vari e ossidi inorganici. In particolare, queste sabbie e queste rocce si ricavano da un procedimento che prevede che gli ingredienti siano prima frantumati in polvere e poi fusi insieme a temperature altissime, oltre i 1.300 °C.

La colata di questi materiali viene poi lavorata e progressivamente sempre più assottigliata fino a creare dei fili. Le lane minerali sono filate in fibre abbastanza spesse che non si possono inalare e hanno la caratteristica unica di spezzarsi trasversalmente: fratturandosi quindi, senza sfaldarsi, producendo pezzi più piccoli che, però, mantengono il loro diametro.

Sono estremamente sicure e durano per sempre senza rovinarsi e, a differenza di quanto qualcuno afferma, la lana di vetro e la lana di roccia non sono classificate come cancerogene o pericolose per le persone.

Lo Iarc (International Agency for Research on Cancer) le ha incluse nel gruppo 3 ("Non classificabile come cancerogeno per gli esseri umani") a seguito delle evidenze scientifiche di studi lunghi diverse decine di anni.

Chiunque dica il contrario mette in dubbio la scienza per dare retta ai pettegolezzi.

Le gomme EPDM e SBR sono polimeri sintetici: in particolare la prima è una gomma viscoelastica che ha ottime capacità di isolamento acustico. È un elastomero che si ottiene dalla copolimerizzazione di 3 elementi: l'etilene, il propilene e il diene monomero, e che infine viene vulcanizzato.

Non contiene nessun additivo inquinante e nessun metallo pesante ed è utilizzata nell'edilizia ma anche in altri ambiti dell'industria senza nessun pericolo per la salute.

La seconda, la gomma SBR, è detta anche copolimero butadiene stirene. È un derivato della gomma che viene prodotto e realizzato lavorando dei granuli di gomma vulcanizzati ad alta densità (750 kg/m3) che hanno diversi diametri tenuti insieme con resine poliuretaniche.

Ha ottime proprietà antivibranti e anche un'elevata rigidità dinamica. È perfetta come antivibrante e, quando utilizzata combinandone le caratteristiche a quelle di altri elementi e materiali, trattiene anche le vibrazioni più intense.

Concludiamo questo capitolo con una piccola precisazione in tema di salubrità dei materiali.

È importantissimo fare delle valutazioni sulla qualità dei materiali e degli elementi che si sceglie di installare definitivamente nelle proprie case, nelle proprie imprese e ambienti di lavoro, ma la soluzione per proteggersi non è quella di farsi trascinare dai pettegolezzi o dal sentito dire.

I materiali vanno selezionati con cura, scegliendo i fornitori in base alla loro reputazione mondiale e in base agli esiti dei controlli e delle verifiche che periodicamente eseguono gli enti incaricati, certificati e accreditati per questo lavoro da parte delle organizzazioni mondiali. Perché l'ambito della protezione della salute dei consumatori è presidiato a livello mondiale, non locale.

SEGRETO n. 9: nella scelta dei materiali per l'isolamento si dovrebbe tenere conto dell'esito dei controlli che vengono costantemente svolti dagli enti internazionali e dei risultati degli studi scientifici eseguiti sui diversi elementi. Non si possono fare scelte intelligenti ascoltando le mode del momento o facendosi trascinare da pettegolezzi e da teorie di complotto lette su internet.

L'importante è, come per qualsiasi cosa che riguardi la salute, basarsi sulle evidenze scientifiche che emergono nel tempo per non prendere decisioni infondate, altrimenti il rischio è proprio quello di farsi del male consapevolmente.

RIEPILOGO DEL CAPITOLO 2:

- SEGRETO n. 1: conoscere il volume di un rumore e la fonte che lo produce non è sufficiente per schermarlo o ridurlo in modo sufficiente e accettabile. Serve conoscerne la frequenza/lunghezza d'onda e coglierne il comportamento attraverso i materiali.

- SEGRETO n. 2: le alte frequenze vengono percepite con grande precisione dal nostro cervello e agiscono sull'amigdala generando sensazioni di allarme, fuga e pericolo.

- SEGRETO n. 3: chi vive esposto a troppi rumori che lo infastidiscono entra naturalmente in un circolo vizioso patologico che aumenta il suo stato di allerta e la sua condizione di malessere e stress.

- SEGRETO n. 4: le alte frequenze hanno lunghezze d'onda nell'ordine dei centimetri e si riescono a schermare con relativa facilità.

- SEGRETO n. 5: qualsiasi punto di contatto tra superfici aumenta il passaggio del suono; per aumentare il potere fonoisolante, le superfici vanno tenute separate.

- SEGRETO n. 6: insonorizzare con cura e precisione un elemento divisorio (ad esempio una parete, un soffitto ecc.)

dopo aver studiato i suoni in modo analitico permette di apprezzare una notevole riduzione di rumore. È possibile, però, che alcuni rumori invadano ugualmente la stanza: in questo caso, se il fastidio provocato è importante, sarà necessario insonorizzare anche il resto.

- SEGRETO n. 7: aumentando il materiale, lo spessore e la spesa, i risultati dell'isolamento acustico migliorano, ma in modo non proporzionale: il beneficio extra finale va sempre più assottigliandosi. La soluzione è ottimizzare e bilanciare: massimo risultato con la spesa più ragionevole.

- SEGRETO n. 8: l'aria è un perfetto mezzo per la propagazione dei suoni: per un isolamento efficace occorre una perfetta sigillatura degli elementi, nessun buco o passaggio per il massimo risultato.

- SEGRETO n. 9: nella scelta dei materiali per l'isolamento si dovrebbe tenere conto dell'esito dei controlli che vengono costantemente svolti dagli enti internazionali e dei risultati degli studi scientifici eseguiti sui diversi elementi. Non si possono fare scelte intelligenti ascoltando le mode del momento o facendosi trascinare da pettegolezzi e da teorie di complotto lette su internet.

Capitolo 3:
Attutire le basse frequenze

Le basse frequenze sono quei suoni cupi che hanno lunghezze d'onda amplissime. Per fare un esempio reale, possiamo immaginare il suono di una grancassa o di una grossa corda di un basso, ma meglio ancora, prendiamo uno degli ultimi 10 tasti a sinistra del pianoforte, quelli che emettono le note più basse e profonde.

Uno di questi tasti genera un suono che ha una frequenza di 50 Hz: a questa frequenza corrisponde una lunghezza d'onda di ben 6,8 metri.

6,8 metri è una lunghezza d'onda incredibile che a fatica si riesce a paragonare a quella emessa, invece, da uno dei 10 tasti più a destra del pianoforte che suona a una frequenza di 3.000 Hz che corrisponde a una lunghezza d'onda di 11,5 centimetri.

Sono due suoni dello stesso strumento, hanno intensità simile se suonati con la stessa mano ma uno ha una lunghezza d'onda che è quasi 60 volte quella dell'altro.

Le frequenze più alte, l'abbiamo detto, penetrano nelle orecchie e nella testa e sono facilmente schermabili dal punto di vista dell'isolamento acustico; le frequenze più basse, invece, suonano nel torace e penetrano nella pancia, muovono emozioni diverse e sono molto più difficili da cancellare.

Con una lunghezza simile – di quasi 7 metri – è evidente che quest'onda sonora riesce ad avvolgere e superare qualsiasi pannello, schermo o ostacolo, oltrepassandoli fisicamente per poi diffondersi riuscendo ad arrivare lontanissimo, a chilometri di distanza.

Le basse frequenze sono, quindi, quei suoni profondi che ci investono su tutto il corpo e non solo nelle orecchie. Sono vibrazioni che ci colpiscono e ci attraversano, come le radiazioni.

Da alcuni studi e testimonianze, si è scoperto che anche le persone non udenti sentono queste vibrazioni. Alcuni raccontano di avvertirle nelle mani e nei piedi, altri nelle ossa, a riprova di quanto siano effettivamente invadenti.

Ora, proviamo a immaginare di suonare uno di quei tasti del pianoforte o una corda del basso in modalità normale e in modalità amplificata, con una cassa o un subwoofer addirittura.

Nel disegno qui sotto si vede bene la differenza: maggiore è il volume del suono, maggiore è il suo impatto sull'aria e sulle persone.

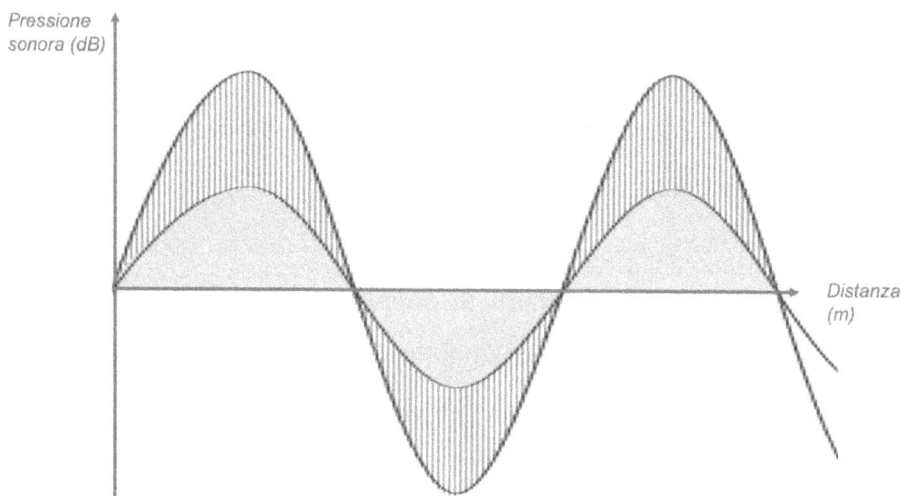

Essere investiti da un'onda a bassa frequenza e alta intensità ha un impatto non solo sonoro, ma anche fisico. E la sensazione è immediata, ci si sente quasi scossi, spettinati dalla potenza delle vibrazioni.

SEGRETO n. 1: le basse frequenze sono suoni bassi e penetranti che non provocano solo una sensazione uditiva, ma addirittura tattile. E sono le frequenze più difficili da schermare e ridurre perché possiedono una lunghezza d'onda tale che permette loro di aggirare gli ostacoli, gli schermi e di arrivare lontanissimo.

E se queste onde, invece che essere di aria, fossero onde di acqua? È evidente che avrebbero entrambe una portata d'acqua enorme ma quella più intensa, quando colpisce, fa letteralmente vacillare.

Perché le basse frequenze disturbano?
Anche qui, come per le frequenze più alte, la risposta è connessa con la parte più intima del nostro sistema nervoso, con la paura di essere attaccati, con il nostro istinto di sopravvivenza.

Frequenze così basse in natura sono connesse ai tuoni, ai terremoti, alle valanghe, a frane e crolli. A livello neurofisiologico, quindi, queste onde sono percepite come una minaccia: una minaccia che non si vede con gli occhi ma che il corpo e il cervello percepiscono attivando una serie di allerte.

E di nuovo, inconsciamente, si sente il battito del cuore che accelera, il respiro si affanna, emerge una sensazione di ansia e di paura, pur senza una ragione apparente.

E non parliamo di persone instabili, disturbate o deboli. Ma di tutti noi. Esposti a suoni e musica a bassa frequenza, tutti riportiamo sensazioni ed emozioni di paura, tristezza e brividi.

Ma non solo. L'orecchio umano ha una particolare sensibilità e capta, in genere, le frequenze comprese tra i 20 Hz e i 20.000 Hz, udendole. Le frequenze inferiori, sotto i 20 Hz, nella soglia degli infrasuoni, non sono udibili dalle persone eppure hanno ugualmente degli effetti sul nostro sistema nervoso, soprattutto se intense.

Per esempio, fanno mettere in vibrazione il vestibolo, che è una porzione dell'orecchio interno, e questo causa vertigini, nausea e mal di testa.

Basse frequenze della vita quotidiana
Dunque, per fare qualche esempio, ecco quali suoni e rumori sono connessi a basse frequenze.

Si tenga presente che è opinione diffusa tra gli studiosi, che siano proprio questi a bassa frequenza i rumori in assoluto più disturbanti dell'intero spettro. E anche noi, dal contatto con i nostri clienti, possiamo confermarlo.

Sono le vibrazioni, i rumori sordi e difficili da identificare quelli che tormentano di più le persone anche perché sono quelli di fronte ai quali ci si sente impotenti, inermi e sopraffatti.

SEGRETO n. 2: le basse frequenze sono considerate tra le più invasive e disturbanti perché agiscono su una parte molto profonda del cervello, provocando emozioni di paura, angoscia e tristezza.

Sono queste le immissioni sonore più fastidiose e disturbanti, e anche le più difficili da eliminare perché, come abbiamo detto, la loro lunghezza enorme permette loro di non farsi attenuare e schermare/ridurre da nessun elemento solido, utilizzandolo, al contrario, come mezzo per arrivare più lontano.

Ma una soluzione c'è, la vediamo tra un istante. Prima c'è una precisazione che vogliamo fare. Le bassissime frequenze hanno terribili effetti neurofisiologici sul nostro organismo, ma – come si è detto – non sono sempre udibili dalle orecchie umane.

E hanno, peraltro, il brutto difetto di arrivare anche a chilometri di distanza, disturbando le persone in un'area molto vasta. E anche questa è una delle ragioni per cui noi di Sorgedil non facciamo mai nessun sopralluogo senza fonometro.

È fondamentale misurare le onde sonore con uno strumento che le capti tutte, senza limiti ma anche senza pregiudizi, con l'obiettivo di avere un'immagine chiara della situazione.

Ci è capitato, infatti, di visitare clienti disturbati da un rumore che non riuscivano a identificare e che lamentavano una sensazione di ansia immotivata.

Con il fonometro abbiamo rilevato la presenza di basse frequenze nell'ambiente a un livello sonoro impercettibile dalle orecchie, ma, evidentemente, a portata del loro cervello.

Siamo riusciti a individuare la direzione da cui provenivano, ma non la loro sorgente di rumore; ma, conoscendone la presenza, abbiamo isolato acusticamente le stanze per eliminarle e abbiamo restituito ai clienti un benessere prezioso.

Per questo serve una misurazione scientifica dei rumori di una stanza/casa, perché ci sono suoni dello spettro che non si sentono ma disturbano ugualmente. È facile in fondo, una volta che il fonometro ha evidenziato la presenza di basse frequenze: allora si deve procedere così come segue.

SEGRETO n. 3: le basse frequenze viaggiano fino a chilometri di distanza e spesso non si sentono con le orecchie ma si avvertono ugualmente. Solo una misurazione con il fonometro potrà identificarle per risolverle.

L'unica soluzione per eliminare le basse frequenze è quella di ridurne l'intensità, assorbendo parte della loro energia.

Abbiamo detto che sono onde lunghe e non si possono schermare perché aggirano gli ostacoli in altezza e in larghezza, ma si può sfruttare la loro straordinaria capacità di propagarsi attraverso altri mezzi elastici, i solidi, per consumarle almeno un po'.

Esempio di una bassa frequenza
Di solito, oltre alla musica suonata, sono i motori dei macchinari una delle cause più frequenti di rumori a bassa frequenza.

Immaginiamo di avere un grosso impianto di condizionamento dell'aria o un compressore potente: generalmente questi macchinari sono installati nei seminterrati o sui tetti.

Abbiamo schermato centinaia di impianti simili e tutti disturbavano i vicini anche a metri e metri di distanza: in alcuni casi è stata, addirittura, coinvolta l'Arpa (Agenzia regionale per la protezione dell'ambiente) perché il disturbo era invadente: le persone avvertivano questo suono greve e sentivano i loro vetri tremare (di giorno e di notte) a causa del rumore di certi impianti.

L'ultima volta che è capitato è stato con il Comando dei Vigili del fuoco di Milano che ha un impianto di condizionamento proprio sul tetto della caserma della sede di Monza. Siamo intervenuti noi con la realizzazione in opera di una cabina acustica imponente (perché l'impianto è molto grande) con l'obiettivo di schermare le onde sonore che raggiungevano le case.

Ed ecco cosa facciamo noi di Sorgedil quando costruiamo cabine o schermature acustiche per ridurre le basse e bassissime frequenze.

Intanto studiamo la situazione con numerose rilevazioni fonometriche, utili per capire intensità ed esatta frequenza delle onde sonore per poi avviare l'installazione di speciali pannelli.

È vero che l'isolamento acustico, anche delle basse frequenze, potrebbe essere fatto in prossimità delle case di chi viene disturbato e, forse, ne varrebbe la pena se l'intensità dell'onda sonora fosse inferiore a quella distanza.

Il fatto è che queste onde conservano molta energia quando fluttuano nell'aria, quindi la soluzione ideale è sempre quella di isolare il più vicino possibile alla fonte del rumore per far perdere di intensità all'onda già alla partenza.

La metodologia che noi consigliamo di adottare è quella che utilizziamo noi, è consolidata e dà risultati eccellenti e sempre apprezzati da chi possiede l'impianto ma anche dai vicini che avvertono immediatamente il beneficio dell'intervento.

Quando, in passato, le questioni hanno sfiorato il tema legale e della responsabilità civile, ai nostri interventi è ogni volta seguita un'azione di verifica e misurazione *post operam* da parte dell'Arpa cha ha sempre accertato la riduzione di rumore.

Anche l'ultima volta, dai Vigili del fuoco, l'approvazione che l'ente ha dato al nostro lavoro ha calmato gli animi dei vicini e riportato la pace.

Dunque, noi consigliamo di utilizzare pannelli che abbiano una struttura componibile che faciliti la costruzione in opera, su misura e adattabile a qualsiasi contesto. Ad esempio, tubolare di alluminio rivestito di pannelli di pvc o di lamiera di acciaio, a seconda delle preferenze e delle possibilità di manutenzione.

Il pvc, per esempio, non ha bisogno di alcuna manutenzione ed è disponibile in un colore chiaro, bianco-grigio. La lamiera microforata, invece, è un po' più economica ma di contro, se lasciata all'esterno, necessita di qualche intervento di manutenzione.

Le strutture dovrebbero essere leggere ed elastiche (per non vibrare anch'esse sotto l'effetto delle onde lunghe) e poi sempre fissate, ancorate saldamente al pavimento con tiranti o piedini, meglio con l'interposizione di efficaci supporti antivibranti.

SEGRETO n. 4: la costruzione di cabine e schermi acustici dovrebbe essere sempre fatta in opera per adattarsi alle caratteristiche dell'impianto, del contesto e dell'ambiente. Meglio diffidare di schermi prefabbricati, sono una soluzione standard che non funziona "bene" per nessun rumore.

L'altezza di questi pannelli di tubolari va studiata con cura, sulla base dell'altezza da cui partono le onde sonore a maggiore frequenza: un impianto, infatti, emette rumori diverse a frequenze diverse ed è necessario isolare acusticamente anche da quelle con lunghezza d'onda più breve.

La presenza, all'interno dei pannelli, di materiale fonoisolante scherma le onde ad alta frequenza e contribuisce a ridurre il rumore verso l'esterno.

Per le basse frequenze, invece, non potendo disporre di schermi sufficientemente ampi da ostacolarle efficacemente, abbiamo detto che si dovrebbero installare elementi che ne assorbano l'energia.

La soluzione ideale è quella delle lamine di metallo sottile, installate nei pannelli e pronte per oscillare. Quando le onde a bassa frequenza colpiscono queste lamine, le fanno muovere e vibrare fortemente e questo movimento consuma parte dell'energia delle onde che si abbassa drasticamente di intensità.

L'energia non sparisce, ma viene convertita in energia meccanica e quindi in calore, una forma da cui potrà solo dissiparsi.

SEGRETO n. 5: per ridurre di intensità le basse frequenze si sfrutta la loro capacità di trasmettersi attraverso i solidi con l'obiettivo di consumarne e dissiparne l'energia.

L'onda non si fermerà ma continuerà la sua corsa indebolita e i suoi effetti sulle persone, sulle loro emozioni e i sistemi nervosi saranno inferiori.

La musica che disturba

Tra le fonti di rumori a bassa frequenza, l'abbiamo detto, c'è anche la musica. Alcuni strumenti in particolare producono suoni bassi e molto bassi come la batteria o la grancassa per esempio, ma anche il pianoforte, il basso e tanti altri; ma è l'equalizzazione che di solito amplifica le basse frequenze di ogni suono, brano e canzone.

Il nostro orecchio, infatti, l'abbiamo accennato nel capitolo precedente, ha una naturale predisposizione a sentire con maggior dettaglio e precisione le frequenze medio-alte avvertendole bene anche a bassi volumi.

Le basse frequenze a basso volume, invece, si avvertono più come sensazioni che come suoni; perché risultino dei veri e propri suoni, infatti, devono aumentare un po' di volume. Nella produzione e mixaggio musicale accade proprio questo, per dare maggiore spazio e potenza alle basse frequenze, si interviene potenziandole.

Questo ha un effetto immediatamente percepibile a livello di completezza del suono e di riempimento della musica, ma ha anche un terribile effetto sui vicini.

SEGRETO n. 6: le basse frequenze sono anche una componente molto importante della musica e, spesso, vengono ritoccate e amplificate per un suono più pieno e complesso.

È per questo che la legge impone ai locali in cui si suona dal vivo o si riproduce musica ad alto volume come intrattenimento danzante (ad esempio una discoteca) di far valutare e certificare le proprie emissioni sonore da un Tecnico Competente in Acustica (TCA) e di fare anche eseguire periodicamente accurati controlli sugli impianti, proprio allo scopo di verificare che siano adatti e idonei per poter rispettare i limiti vigenti in termini di emissioni sonore notturne.

RIEPILOGO DEL CAPITOLO 3:

- SEGRETO n. 1: le basse frequenze sono suoni bassi e penetranti che non provocano solo una sensazione uditiva, ma addirittura tattile. E sono le frequenze più difficili da schermare e ridurre perché possiedono una lunghezza d'onda tale che permette loro di aggirare gli ostacoli, gli schermi e di arrivare lontanissimo.

- SEGRETO n. 2: le basse frequenze sono considerate tra le più invasive e disturbanti perché agiscono su una parte molto profonda del cervello, provocando emozioni di paura, angoscia e tristezza.

- SEGRETO n. 3: le basse frequenze viaggiano fino a chilometri di distanza e spesso non si sentono con le orecchie ma si avvertono ugualmente. Solo una misurazione con il fonometro potrà identificarle per risolverle.

- SEGRETO n. 4: la costruzione di cabine e schermi acustici dovrebbe essere sempre fatta in opera per adattarsi alle caratteristiche dell'impianto, del contesto e dell'ambiente. Meglio diffidare di schermi prefabbricati, sono una soluzione standard che non funziona "bene" per nessun rumore.

- SEGRETO n. 5: per ridurre di intensità le basse frequenze si sfrutta la loro capacità di trasmettersi attraverso i solidi con l'obiettivo di consumarne e dissiparne l'energia.
- SEGRETO n. 6: le basse frequenze sono anche una componente molto importante della musica e, spesso, vengono ritoccate e amplificate per un suono più pieno e complesso.

Capitolo 4:
Difendersi da rumori impattivi e vibrazioni

I rumori impattivi sono quei rumori che si generano a seguito di un impatto, di un urto tra due corpi solidi; gli impatti che possono dare origine ai rumori sono:

- calpestio, passi, salti;
- macchinari in funzione, specie se appoggiati al pavimento o alle pareti;
- l'acqua che scorre nelle tubature del riscaldamento o negli scarichi;
- percussioni, come il suono della batteria, il martello;
- attrito, come il trascinamento di mobili o oggetti.

Ma non solo: tra i rumori impattivi è possibile classificare, oltre a questi indicati, anche un'altra categoria di fastidiosi disturbi: le vibrazioni.

Queste sono conseguenza diretta degli urti e degli impatti, ma sono causate dall'oscillazione che compiono i corpi colpiti dall'urto.

Per intenderci: si immagini di far rimbalzare un pallone sul pavimento, anzi, una palla medica molto pesante per rendere meglio il concetto.

Il rumore impattivo è il rumore che fa la palla quando tocca terra (*bong bong*): questo rumore si propaga nell'aria e nei solidi e si sente sia al piano di sotto sia nelle stanze adiacenti.

Le vibrazioni, invece, sono quei rumori che fa il pavimento colpito (*brrrr, brrrr*) ma che possono anche trasmettersi e sentirsi in altre stanze della casa o del palazzo.

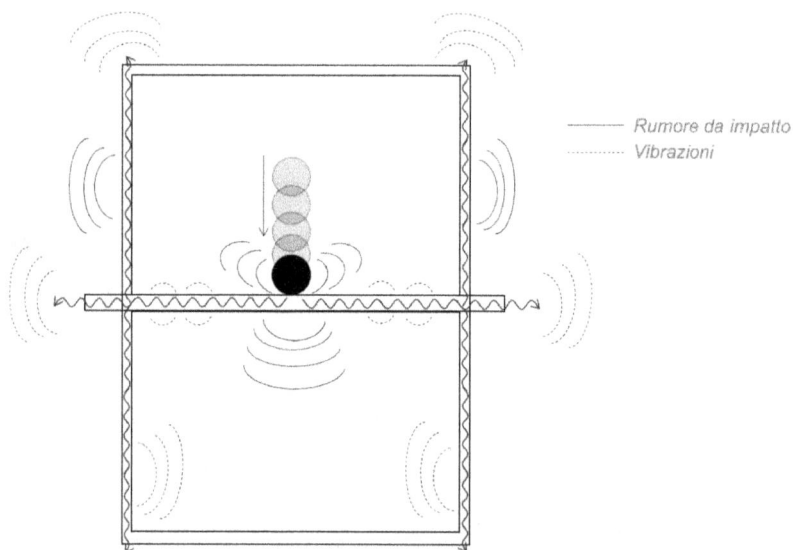

——— Rumore da impatto
········ Vibrazioni

Questi rumori sono, insieme alle onde sonore a bassa frequenza, tra i più difficili da eliminare e ciò non è dovuto alla loro forma ma alla difficoltà di arginare le vibrazioni che generano.

Queste, infatti, tendono a propagarsi tra solido e solido:
- Molto velocemente perché, lo abbiamo accennato in un capitolo precedente, la velocità del suono è di 340 m/s nell'aria ma aumenta nei solidi, per esempio è di 3.400 m/s nel calcestruzzo.
- Seguendo strade invisibili, nel senso che non si sa dove farà rumore una vibrazione. Lo si può immaginare, certo, ma la

realtà è che la vibrazione si propagherà attraverso l'edificio seguendo il calcestruzzo, l'armatura, i mattoni, le tubature e adottando percorsi e strade che non si possono prevedere a priori per arrivare a fare rumore da qualche parte, ad esempio da una parete o da un soffitto in una qualsiasi stanza dell'edificio.

SEGRETO n. 1: sono rumori impattivi sia i rumori che derivano direttamente da un urto o da un impatto su una superficie, sia quelli causati dalla vibrazione della superficie colpita.

Può sembrare difficile immaginare queste vibrazioni o ricordarne il suono, eppure sono avvertibili da chiunque. Anzi, ci sono studi che hanno dimostrato che le vibrazioni sorde, specialmente quelle dei solidi, non sono avvertite direttamente delle orecchie, ma a livello più profondo: un po' come delle bassissime frequenze, vengono scambiate per delle presenze.

Per aiutarsi a visualizzarle è utile pensare che anche un piccolo fremito delle pareti, delle solette e dei pavimenti è comunque un'oscillazione che fa oscillare, a loro volta, anche le particelle di aria. E per quanto non sempre eccessivamente ampia o rumorosa, questa oscillazione è avvertita dai nostri sofisticati apparati uditivi.

Qualsiasi cosa che oscilla o vibra, infatti, crea una variazione di pressione sonora che può essere più o meno intensa, a maggiore o minore frequenza a seconda del materiale da cui è provocata e della forza con cui viene fatto oscillare, ma ha sempre un effetto neuro-fisiologico identico a quello di un suono o di un rumore.

A causa della continuità delle strutture murarie, tra l'altro, va notato che la trasmissione del rumore impattivo è in grado di raggiungere parti dell'edificio molto lontane dalla sorgente, al contrario dei rumori aerei che, invece, hanno un'influenza massima nelle vicinanze.

SEGRETO n. 2: le vibrazioni dei corpi solidi che si generano dopo un impatto sono vere e proprie onde sonore che si propagano dentro l'edificio, seguendo strade non facili da immaginare e prevedere arrivando, anche, in stanze lontane da quella dell'impatto.

Mi viene in mente, a questo proposito, che spesso siamo intervenuti per ricercare la ragione di un rumore o di un ronzio avvertito da qualche condomino. Clienti che inspiegabilmente sentivano un suono non identificato che sembrava provenire da altrove e li disturbava.

E molti di questi casi hanno avuto proprio il seguente epilogo: si scopre – dopo un po' di tentativi e prove, togliendo e riportando la corrente, per esempio, e analizzando poi i risultati con il fonometro – che si tratta di rumori conseguenza proprio di moti vibratori che avvengono altrove, anche a piani di distanza.

Una volta era un vecchio frigorifero a pozzetto che appoggiava a una parete del piano sotterraneo: la sua vibrazione arrivava fino alla parete della camera da letto di un cliente che ne sentiva chiaramente il rumore.

E pensare che il cliente era convinto che fosse un rumore che proveniva dall'appartamento accanto. Sembra incredibile, ma è bastato spostare il frigorifero dalla parete per eliminare il ronzio.

Identificheremo, nel corso di questo capitolo, alcune soluzioni per la risoluzione sia del rumore derivante dall'impatto diretto – prima categoria di rumori – sia del rumore derivante dalla cosiddetta trasmissione laterale – ovvero la seconda categoria che ha a che vedere con la propagazione indiretta, o per via strutturale, dei rumori.

In particolare, ecco alcune soluzioni per risolvere:
- il rumore da impatto proveniente dal piano di sopra
- le vibrazioni delle tubature
- le vibrazioni provocate da macchinari
- le vibrazioni che arrivano dall'esterno.

Risolvere il rumore da impatto dal piano di sopra
Riprendiamo ora l'esempio della palla medica che rimbalza al piano di sopra; abbiamo detto che genera un rumore:
- nella stanza in cui rimbalza
- nelle stanze adiacenti
- nella stanza al piano di sotto
- da qualche altra parte dell'edificio, per effetto della vibrazione che trasmette al pavimento.

Ora, uno alla volta, risolviamo tutti questi rumori. Iniziamo però col ricordare il criterio più importante per progettare ogni isolamento acustico: la vicinanza con la sorgente di rumore.

Gli esperti in acustica questo lo sanno bene: quanto più vicino alla sorgente si interviene, tanto migliori e soddisfacenti saranno i risultati.

SEGRETO n. 3: in acustica vale la regola per cui il migliore dei risultati in termini di isolamento si ottiene intervenendo il più vicino possibile alla sorgente di rumore.

Questo significa che il massimo dell'efficacia e del benessere acustico si ottiene quando si interviene direttamente nella stanza dove si produce il rumore, o, per esempio, sul macchinario che lo produce.

Nel caso della palla medica che rimbalza, l'ideale, il massimo in linea teorica sarebbe agire direttamente sulla palla (foderandola ad esempio o mettendoci intorno un cuscino) ma non è sempre ragionevole né possibile.

Quindi si potrebbe agire sul pavimento ammortizzandolo perché, dall'impatto, si generi meno rumore. Di solito per raggiungere questo obiettivo si costruisce un pavimento flottante.

La definizione di flottante è proprio "fluttuante", quindi un pavimento che agisca come se galleggiasse. Un pavimento flottante è sollevato dal pavimento esistente, è svincolato dalle pareti ed è costituito da elementi ammortizzanti.

In generale, l'obiettivo di un pavimento flottante è quello di ridurre la quantità di rumore ed energia che si trasferisce dal punto dell'impatto al pavimento/soletta.

SEGRETO n. 4: un pavimento flottante serve a ridurre l'impatto degli urti sul pavimento e, di conseguenza, anche su tutte le strutture murarie collegate.

Costruire un pavimento flottante è un intervento abbastanza facile di per sé: la difficoltà maggiore è quella di trovare il materiale più adatto e sovrapporlo con cura per fare più strati possibilmente.

Come già detto, il risultato migliore si ottiene sempre abbinando masse di spessori e di materiali diversi.

Nei nostri pavimenti noi utilizziamo, sovrapponendoli e accostandoli a giunti alternati, dei tappetini antivibranti di gomma SBR intervallati da pannelli di gesso-fibra come a fare degli strati.

La caratteristica flottante, però, viene data dal fatto che si curi anche la separazione strutturale ovvero il perfetto disaccoppiamento dalle pareti laterali. Per farlo occorre utilizzare apposite bande antivibranti su tutti i bordi del pavimento.

È, generalmente, un intervento invasivo perché aumenta lo spessore del pavimento, obbliga a sollevare le porte, correggere le altezze dei mobili, ecc. ma è una soluzione adatta agli ambienti domestici, leggera e sostenibile.

Diciamo anche che, se si realizza un pavimento come questo, si possono risolvere – contemporaneamente – anche tutti gli altri rumori derivanti dall'impatto della palla sul pavimento.

La drastica riduzione di energia e di intensità dell'urto diminuisce a un livello tollerabile anche il rumore che l'urto trasmette alle stanze vicine, alla stanza al piano di sotto e a tutto l'edificio.

È vero, però, che non sempre chi genera dei rumori è sensibile o aperto all'idea di procurarsi lui stesso un isolamento per non disturbare gli altri, più spesso si crede che siano le persone disturbate a doversi trovare una soluzione di insonorizzazione. E, per fortuna, esistono soluzioni anche per questo.

Veniamo alla seconda componente di rumore che deriva dall'impatto della palla sul pavimento, ovvero quello che si propaga dalle pareti laterali verso la stanza adiacente.

Dunque, in questo caso la risoluzione del rumore dovrebbe passare attraverso l'iter già spiegato per i rumori aerei del Capitolo 2: una misura fonometrica dovrebbe identificare le frequenze principali dei rumori e un progetto preciso identificare i materiali adatti all'isolamento e le tecniche di posa ideali.

Per questo esempio, si dovrebbe realizzare una controparete isolante che abbia le caratteristiche base di un isolamento efficace, ovvero:

- essere sigillata e non avere fessure e buchi per non far passare aria;

- essere svincolata dagli elementi dell'edificio per non essere coinvolta nel moto vibratorio;

- essere trattata con adeguati materiali fonoisolanti e fonoassorbenti, possibilmente con spessori diversi.

Noi di Sorgedil utilizziamo, per questo tipo di isolamento, la stessa tecnica esclusiva richiamata al Capitolo 2, ovvero SuonoStop™ che assicura, anche quando l'oggetto dell'intervento di isolamento acustico è un soffitto, la stessa qualità di risultato e il ripristino di un piacevole e sano benessere acustico.

Terza fase è quella del rumore dell'impatto che si propaga dal pavimento colpito e scende nella stanza al piano di sotto passando per il soffitto.

Anche qui, la tecnica ideale con cui procedere è quella di realizzare un controsoffitto isolante, elastico e sospeso per ottenere un effetto in particolare: ovvero la riflessione sonora delle onde acustiche re-indirizzandole verso l'alto perché possano dissiparsi direttamente nella soletta.

In sostanza sono sempre 3 le regole da rispettare:

- Il controsoffitto non deve lasciar passare l'aria, non deve avere fori o buchi, perché l'aria si comporta come un ponte per i rumori. Per preservare al massimo la sigillatura, che è il primo aspetto da curare per garantire un'efficacia adeguata, in linea teorica non si dovrebbe predisporre nemmeno il foro per l'illuminazione.

- Il soffitto va isolato con materiali fonoisolanti e fonoassorbenti adatti alle frequenze dei rumori rilevate facendo attenzione ad abbinare materiali di spessore e densità diverse.

- E, ultimo, l'intera struttura dovrebbe essere elasticamente sospesa e svincolata dai muri laterali perché qualsiasi collegamento rigido compromette e riduce l'efficacia dell'isolamento.

SEGRETO n. 5: **il controsoffitto ideale per proteggere dai rumori del piano di sopra è isolante, elastico e sospeso per ottenere un effetto: reindirizzare le onde verso l'alto perché possano dissiparsi direttamente nella soletta.**

E, infine, l'effetto vibrazioni. Abbiamo detto che l'energia dell'impatto si trasmette dal pavimento colpito a tutti gli elementi solidi con cui entra in contatto.

Dalla soletta si trasferisce alle pareti laterali del piano di sopra, del piano di sotto ma anche ai pavimenti o ai soffitti delle altre stanze.

Questo è quello che definiamo trasmissione laterale. Come nel caso di rumore sconosciuto e ronzio di cui abbiamo parlato all'inizio del capitolo, una vibrazione potrebbe arrivare alla parete di qualcuno oppure non sentirsi neanche.

La chiave qui è identificarla, ovvero mettere in correlazione un rumore isolato, molto specifico e avvertibile solo in una stanza, con la presenza di una sorgente sonora da impatto. Ma ne parliamo alla fine di questo capitolo.

Risolvere le vibrazioni delle tubature

Facciamo ora un altro esempio e ipotizziamo, questa volta, un rumore impattivo derivante dal flusso dell'acqua all'interno delle tubature o degli scarichi.

Non ho scelto a caso questo esempio: è, infatti, il secondo rumore impattivo più segnalato dai nostri clienti (il primo è il calpestio al piano di sopra).

E questo perché gli scarichi e le tubature dell'acqua, specialmente in un condominio, sono una fonte primaria di vibrazioni e di onde sonore a bassa frequenza. L'acqua, infatti, scorrendo nei tubi, trasferisce loro parte della sua energia cinetica.

I tubi generalmente non si muovono, visto che sono cementati o comunque legati e fissati alla struttura, però riescono a vibrare.

E questa vibrazione, proprio per il fatto che le tubature sono immerse nell'edificio, riesce a trasmettersi ad altri elementi sfruttando il calcestruzzo oppure il ferro o i mattoni, arrivando anche in punti lontani dal luogo preciso in cui è avvenuta la vibrazione.

Quindi, per intenderci: un vicino di casa tira l'acqua del wc e fa rumore al di là della parete confinante (impatto diretto): la vibrazione della braga, però, scorre nell'edificio, e raggiunge una parete di un piano più sotto (trasmissione laterale).

Come la palla dell'esempio precedente, quando viene raggiunta dall'acqua, la tubatura fa rumore:
- nelle stanze adiacenti alla parete in cui è immersa
- e da qualche parte nell'edificio per effetto della vibrazione che scatena la sua piccola oscillazione.

In questo caso, diversamente dall'esempio di prima, per ridurre il rumore non è possibile agire direttamente sulla tubatura dal momento che è affogata nel muro.

L'unica alternativa è agire sulla parete laterale, dalla parte in cui dà effettivamente fastidio. Quello che bisogna fare è creare un nuovo divisorio che trattenga al massimo l'energia e la rifletta dalla parte in cui viene prodotta.

Noi di Sorgedil, quando i rumori da trattenere al di là delle pareti sono di tipo impattivo, utilizziamo l'esclusiva tecnica Vibraless® che risolve il problema alla perfezione.

Come la sorella SuonoStop™, si tratta di una tecnica risolutiva innovativa, frutto di studi, sperimentazioni, ricerca e sviluppo che Sorgedil utilizza in esclusiva mondiale. È un metodo unico e protetto e un marchio registrato.

Vibraless® contiene, tra gli elementi di cui è composta, anche una membrana antivibrante di gomma EPDM viscoelastica e una di gomma vulcanizzata ad alta densità perfetta per trattenere al massimo l'energia degli impatti.

Quanto alla soluzione del rumore che la vibrazione genera da qualche parte nell'edifico, rimandiamo la soluzione alla fine di questo capitolo.

Risolvere le vibrazioni provocate da macchinari
Quando mi riferisco a dei macchinari non intendo soltanto quelli industriali; comprendo anche altri strumenti, presenti indistintamente nelle nostre case o nei nostri locali.

Alcuni di questi strumenti generano fastidiose vibrazioni che percorrono tutto l'edificio, attraversano pareti, muri e solette e sfruttano collegamenti e strade nascoste per arrivare in luoghi impensabili; tra questi macchinari ci sono, per esempio:

- l'ascensore
- la caldaia condominiale
- l'autoclave
- gli impianti di condizionamento
- alcuni strumenti o macchine di produzione.

Un po' per la modalità con cui funzionano e un po' per le posizioni che hanno nei condomini, questi macchinari possono creare davvero molti fastidi dal punto di vista del benessere acustico.

Perché il responsabile del disagio non è solo il rumore, ma è l'insieme del rumore e delle vibrazioni che sono tanto più inquietanti quanto più sono a bassa e bassissima frequenza, come si è già detto.

I nostri clienti ci raccontano, a volte, episodi ed esperienze che davvero ci convincono sempre di più della correttezza del nostro metodo di lavoro. Una volta una persona mi diceva di essere in grado di avvertire la partenza dell'ascensore prima che iniziasse il rumore.

Davanti ai miei occhi mi ha detto: "Ecco, parte ora": io in quell'istante ho rilevato dal fonometro una frequenza appartenente alla banda degli infrasuoni, non udibile dalle orecchie e un momento dopo delle onde a frequenza maggiore e udibili, quelle dell'ascensore.

La persona aveva quindi captato onde bassissime senza sentirle, ma solo percependone la pressione.

Senza il fonometro e senza la conferma strumentale della presenza di onde a bassissima frequenza, avrei anche potuto immaginare che il cliente stesse esagerando.

Ma torniamo ai macchinari che possono, infatti, fare rumore:
- nel locale in cui sono collocati
- nelle stanze e negli appartamenti adiacenti a questo locale
- e poi, come sempre, da qualche altra parte nell'edificio.

Lo abbiamo già detto e lo ripetiamo, dove è possibile e fattibile, la soluzione più ragionevole è sempre quella di intervenire, prima di tutto, sull'oggetto che genera le vibrazioni.

A seconda della frequenza emessa e della quantità di energia che arriva nelle case, per esempio, si può tentare di ridurre un po' il rumore provocato facendo appoggiare lo strumento, o il motore che ne permette il funzionamento, su piedini antivibranti di qualità e facendo revisionare la macchina per assicurarsi che si faccia tutto il possibile per regolarne il rumore.

Per esempio: su ascensori, caldaie e autoclave la cui rumorosità appare fuori controllo, noi consigliamo sempre una manutenzione straordinaria.

È vero che le ditte di manutenzione non vogliono quasi mai ammettere che i rumori potrebbero essere conseguenza di loro carenze, ma quello che riscontriamo quotidianamente nella nostra esperienza è proprio questo.

Una migliore lubrificazione delle guide, una bonifica del gruppo motore o la sostituzione dei cuscinetti antivibranti consumati sono tipici esempi di piccoli interventi che apportano immediatamente grandi miglioramenti all'intensità delle vibrazioni.

SEGRETO n. 6: grandi impianti e strumenti generano quasi sempre ampie oscillazioni e severe vibrazioni, e spesso è l'assenza di un'adeguata manutenzione a provocare questo disagio. Prima di intervenire per isolare acusticamente

l'edificio, è sempre meglio pretendere un'accurata revisione dei macchinari condominiali a cura delle ditte responsabili.

Oppure, un'altra soluzione abbordabile, sempre che sia effettivamente possibile, è quella di incapsulare lo strumento rumoroso in una cabina insonorizzata su misura. Per questo tipo di interventi si rimanda ai dettagli già indicati al Capitolo 3 in tema di basse frequenze.

Si tenga presente solo che questi impianti di solito hanno anche bisogno di manutenzioni periodiche, verifiche e accessi del personale; ma non solo, spesso hanno prese d'aria per il raffreddamento che vanno salvaguardate per il corretto funzionamento del macchinario.

Occorrerà, quindi, predisporre porte o griglie di areazione per garantire la possibilità di entrata e di uscita di un operatore o dell'aria e sappiamo quanto questi buchi (inevitabili) abbattano l'efficacia di un isolamento acustico.

Quanto al rumore che questi macchinari e impianti generano sulle pareti adiacenti ai locali in cui sono collocati, anche qui la soluzione è una controparete o un controsoffitto isolante, progettati e costruiti sulla base delle caratteristiche dei rumori emessi e realizzati in opera con i criteri che abbiamo già raccontato.

E, infine, il tema dell'isolamento dalle vibrazioni che si muovono attraverso le strutture murarie e arrivano in altre zone dell'edificio; come nei paragrafi precedenti, rimandiamo l'argomento alla fine di questo capitolo.

Risolvere le vibrazioni che arrivano dall'esterno
Infine, l'ultimo caso, il peggiore ma anche il più estremo. Trattiamo ora di alcune vibrazioni fortissime che arrivano dall'esterno, sono inevitabili e incontrollabili perché hanno una sorgente su cui non si può intervenire come la metropolitana, il passaggio del tram, i treni e la ferrovia o la presenza di un aeroporto.

In genere, quello generato dai mezzi più pesanti – a cui si possono aggiungere anche i bus e gli autoarticolati che si muovono sull'asfalto – è un misto di rumore e di vibrazione e la sua intensità può arrivare ad essere molto fastidiosa, sempre in base a quanto siano effettivamente vicine le strade/rotaie su cui viaggiano.

Durante il giorno il rumore della metropolitana, del tram o della ferrovia è tutto sommato sopportabile perché ci sono altri suoni e rumori che lo mascherano, lo coprono e lo confondono, ma la notte non c'è via d'uscita: il rumore e la vibrazione entrano nel letto e nella testa.

Sono in molti coloro che li subiscono e non solo in città ma ovunque, dal momento che i treni percorrono tutta l'Italia in lungo e in largo.

La sensazione che emerge, chiacchierando con chi ne è vittima, è davvero quella di un'onda: che si sente arrivare da lontano, si sente aumentare e crescere fino a un punto massimo e poi si sente andare via.

Ed essendo un miscuglio di onde sonore e vibrazioni, la sensazione è devastante per qualcuno: genera ansia ma anche paura e allarme, specialmente quando il rumore sta per avvicinarsi; e questo vale di giorno ma anche di notte, a conferma del fatto che non si dà tregua al cervello che è sempre occupato a vagliare gli stimoli esterni.

E non è solo questione di motore rumoroso, ma anche di spostamento di aria e di vibrazioni che vengono generate dall'impatto sulle rotaie: questa energia sale dal basso sempre sfruttando cemento e altri materiali e avvolge gli edifici.

Oltre al tema dei mezzi su rotaia, però, c'è anche l'aeroporto: a questo proposito, non è la presenza di un aeroporto nelle immediate vicinanze l'unica causa di rumore, perché per sentire quelle intensissime vibrazioni basta abitare sotto una rotta molto battuta.

La pressione dell'aria è tale che fa vibrare le pareti, i vetri, i mobili. Una sensazione di esposizione e di impotenza, che qualcuno non tollera con gravi danni al suo equilibrio psico-fisico.

Qui la soluzione può essere solo quella di isolare le pareti degli ambienti maggiormente disturbati. Come abbiamo già spiegato, per isolare acusticamente pareti, soffitti, solette e altri elementi dai rumori provocati dalle vibrazioni, l'ideale è realizzare appositi divisori che duplichino, replicandole, le superfici di protezione migliorandole dal punto di vista fonoisolante e fonoassorbente.

L'obiettivo è sempre lo stesso: ovvero creare una barriera che rifletta, verso la fonte, la maggior parte delle onde prima che penetrino nell'ambiente.

La tecnica che consigliamo si basa, sempre, sulle regole richiamate finora e richiede di fare attenzione in particolare a:
- la totale assenza di aria e buchi e fessure
- la scelta dei materiali da utilizzare nell'intercapedine
- il disaccoppiamento delle superfici.

Quando abbiamo clienti tormentati dal rumore di alcune forti vibrazioni, quello che proponiamo è la stanza completa insonorizzata.

Si tratta di un intervento molto importante che trasforma una stanza intera ma le cambia profondamente il significato. È un isolamento acustico di tutte le superfici murarie: delle quattro pareti laterali, del soffitto e del pavimento.

In caso di rotte aeree vicine o vibrazioni provenienti dall'esterno, consigliamo anche la sostituzione delle finestre con esemplari ad alto abbattimento acustico (51dB).

Sempre rispettando le regole per un perfetto isolamento, e sempre aderendo al protocollo per cui si devono prima di tutto conoscere nel dettaglio le forme e le intensità dei rumori da escludere, creiamo in sostanza una stanza nella stanza, questo è il suo nome in gergo tecnico.

Quindi 4 nuove contropareti fonoisolanti che, però, hanno anche elementi fonoassorbenti e antivibranti al loro interno, a cui facciamo aderire un nuovo controsoffitto perfettamente svincolato e insonorizzato e un pavimento flottante a strati di gomma e gessofibra, anch'esso separato elasticamente dalle pareti.

Il risultato è una vera e propria oasi di relax. Come abbiamo detto nessun isolamento adatto a un'abitazione è in grado di isolare tutti i rumori, specialmente quelli impulsivi che descriveremo nel capitolo successivo, ma la stanza completa insonorizzata è quello che più si avvicina alla stanza del silenzio.

La presenza, poi, di finestre antirumore completa l'isolamento: sono elementi sofisticatissimi, disponibili in ogni dimensione, che sono realizzati con guarnizioni extra che migliorano la tenuta, con vetrocamere speciali ampie e trattate con gas e materiali isolanti che assicurano un'insonorizzazione di altissimo livello.

Nei casi più gravi proponiamo anche il raddoppio delle finestre, inteso come l'installazione del serramento antirumore in aggiunta a quello esistente per una barriera più efficace; questa soluzione è molto valida sia quando viene fatta all'interno, per esempio sfruttando lo spazio sul davanzale interno, sia all'esterno.

In questo caso consente anche la copertura e l'isolamento del cassone della tapparella per un risultato ancora più efficace.

SEGRETO n. 7: alcune vibrazioni possono essere così importanti da provocare un disagio forte in chi ne è vittima. In questi casi l'isolamento completo (la stanza nella stanza) è l'unica soluzione che fornisce sufficienti garanzie di risultato.

Adatta per essere una nuova camera da letto, una sala di lettura e di decompressione dello stress, è un regalo al proprio benessere acustico, un investimento che ripaga in salute e gioia.

Capire l'origine di una vibrazione e trattarla
Come nel caso citato all'inizio del capitolo, ci capita spesso di essere chiamati per un rumore sconosciuto.

Un cliente sente la parete vibrare, sente un *toc toc* dentro a un muro e non capisce da dove venga. Spesso non è nemmeno un rumore eccessivamente fastidioso, ma è comunque un elemento estraneo: le persone non amano sentire rumori di cui non capiscono l'origine perché questo mette loro ansia oltre che curiosità.

Quando siamo chiamati per questo genere di ricerche abbiamo sempre il fonometro con noi e il punto di partenza è proprio una rilevazione fonometrica.

Per esempio, una volta, da un'analisi in frequenza emergeva in una casa una frequenza in particolare: staccava moltissimo dalle altre e sembrava fosse proprio lei la responsabile di un rumore di sottofondo.

Era evidente che si trattava di un rumore che sfuggiva da qualche parte e dopo un po' di giri nel condominio siamo giunti al locale caldaia: la stessa frequenza era identificabile anche lì, però più mascherata in mezzo ad altre.

In sostanza, le pareti del locale caldaia erano in grado di ridurre tutte le frequenze tranne una, proprio quella che si riusciva a identificare in casa del cliente.

Abbiamo spento la caldaia e quella frequenza è sparita dandoci così la conferma che era proprio lì che bisognava intervenire.

Nei giorni successivi, quindi, abbiamo studiato e realizzato un isolamento acustico per le pareti del locale caldaia: una versione semplice, ma tarata proprio su quella speciale frequenza. E infine, abbiamo verificato: il rumore era sparito.

Per trattare le vibrazioni, in realtà, non c'è un protocollo preciso da seguire ma occorre farsi guidare dal fonometro e da alcuni tentativi tenendo presente che la soluzione in questi casi sì, è l'isolamento, ma è il materiale che cambia perché tutto, come sempre, dipende dal rumore e dalle sue specifiche caratteristiche.

Per esempio, nel caso precedente, è stato indispensabile capire di che frequenza si trattasse per scegliere un materiale fonoisolante adeguato e non correre il rischio di acquistarne uno qualsiasi rischiando che, come la parete esistente, trattenesse solo alcune frequenze a eccezione di quella disturbante.

SEGRETO n. 8: per identificare l'origine delle vibrazioni occorre partire dal rumore rilevabile e farsi guidare dal fonometro impostando una ricerca fatta di ipotesi, prove e tentativi.

RIEPILOGO DEL CAPITOLO 4:

- SEGRETO n. 1: sono rumori impattivi sia i rumori che derivano direttamente da un urto o da un impatto su una superficie, sia quelli che sono causati dalla vibrazione della superficie colpita.

- SEGRETO n. 2: le vibrazioni dei corpi solidi che si generano dopo un impatto sono vere e proprie onde sonore che si propagano dentro l'edificio, seguendo strade non facili da immaginare e prevedere arrivando, anche, in stanze lontane da quella dell'impatto.

- SEGRETO n. 3: in acustica vale la regola per cui il migliore dei risultati in termini di isolamento si ottiene intervenendo il più vicino possibile alla sorgente di rumore.

- SEGRETO n. 4: un pavimento flottante serve a ridurre l'impatto degli urti sul pavimento e, di conseguenza, anche su tutte le strutture murarie collegate.

- SEGRETO n. 5: il controsoffitto ideale per proteggere dai rumori del piano di sopra è isolante, elastico e sospeso per ottenere un effetto: reindirizzare le onde verso l'alto perché possano dissiparsi direttamente nella soletta.

- SEGRETO n. 6: grandi impianti e strumenti generano quasi sempre ampie oscillazioni e severe vibrazioni, e spesso è l'assenza di una adeguata manutenzione a provocare questo disagio. Prima di intervenire per isolare acusticamente l'edificio, è sempre meglio pretendere un'accurata revisione dei macchinari condominiali a cura delle ditte responsabili.

- SEGRETO n. 7: alcune vibrazioni possono essere così importanti da provocare un disagio forte in chi ne è vittima. In questi casi l'isolamento completo (la stanza nella stanza) è l'unica soluzione che fornisce sufficienti garanzie di risultato.

- SEGRETO n. 8: per identificare l'origine delle vibrazioni occorre partire dal rumore rilevabile e farsi guidare dal fonometro impostando una ricerca fatta di ipotesi, prove e tentativi.

Capitolo 5:
Annullare il riverbero

Ed eccoci all'ultima famiglia di rumori fastidiosi che questa volta non identifica le caratteristiche delle onde sonore ma la sensazione complessiva che giunge alle nostre orecchie.

Parliamo del fenomeno del riverbero dei suoni che tutti percepiamo come quella sensazione di rimbombo, confusione ed eccessivo brusio che si sente in una sala affollata o quando ci sono tante fonti sonore attive contemporaneamente.

Per esempio succede:
- nelle sale di ristoranti, pizzerie e mense
- nei capannoni e nei laboratori industriali con soffitti ampi
- nelle palestre, nelle piscine e nei palazzetti dello sport
- negli uffici open space, ad esempio call center
- nelle sale ampie in genere (sale riunioni, hall, chiese e cattedrali)

- e, in genere, ovunque ci siano ambienti ampi, affollati e con soffitti alti.

Questo del riverbero è una conseguenza di una delle proprietà fisiche più note dei suoni: la riflessione. Un'onda sonora, infatti, quando colpisce una qualsiasi superficie ci rimbalza contro, torna nello spazio da cui proviene e poi rimbalza nuovamente fino a che non esaurisce la sua energia.

O meglio: quando un'onda colpisce una superficie sono due i fenomeni che avvengono:
- una parte della sua energia viene assorbita dalla superficie e trasferita altrove;
- una parte viene riflessa con un'angolazione uguale a quella di incidenza, ma in direzione opposta.

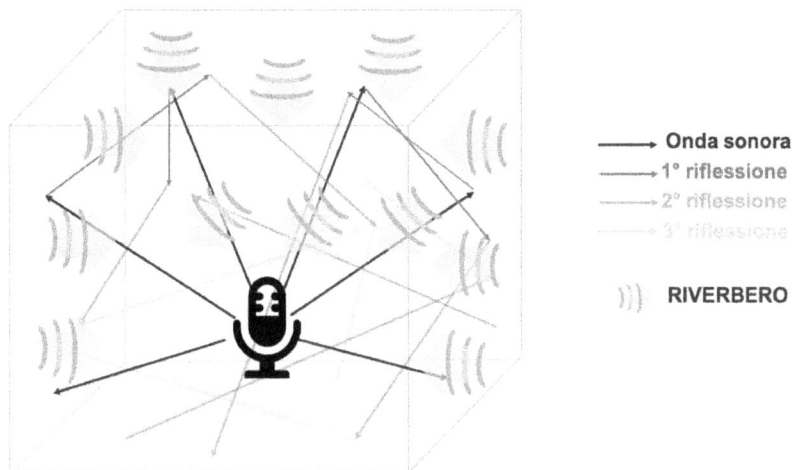

Quindi, in un ambiente chiuso, un qualsiasi suono emesso si riflette contro gli ostacoli (muri, vetri, mobili, specchi) e resta nell'ambiente, continuando a rimbalzare ed esaurendosi pian piano dal momento che gli elementi contro cui si riflette assorbono, ogni volta, una parte della sua energia.

L'onda riflessa, infatti, è sempre meno intensa di quella originale e, rimbalzo dopo rimbalzo, perde tutta la sua energia esaurendosi. Il tempo che ci vuole perché questo succeda, ovvero, perché l'onda perda tutta la sua energia, è funzione dell'intensità del suono, delle dimensioni e della forma della stanza e della presenza di più o meno superfici riflettenti.

Anche perché la percentuale di suono riflessa dipende dal materiale di cui è composta la superficie.

Se un materiale fosse in grado di riflettere tutta l'energia sonora si comporterebbe come uno specchio: ma non esiste un materiale simile o non è ancora stato inventato.

Ma sono tante le sperimentazioni in questo senso dal punto di vista dell'ingegneria dei materiali: i metamateriali, per esempio, sono elementi che non esistono in natura e sono progettati e costruiti in laboratorio con caratteristiche incredibili di geometria strutturale che danno loro proprietà innaturali in tema di interazione con le onde elettromagnetiche ma anche luminose e sonore.

Staremo a vedere che utilizzo ci si potrà fare nel prossimo futuro, anche in ambito di isolamento acustico.

Ma torniamo un istante alle superficie assorbenti. Dicevamo che non esiste (non ancora) un materiale che rifletta interamente tutta l'energia di un suono, ma non esiste nemmeno un materiale che faccia l'opposto, ovvero che assorba tutto il suono.

Quindi la proprietà di riflettere i suoni è peculiare di qualsiasi elemento. Ed è a seguito di questa riflessione delle onde sonore che nasce il riverbero.

Il riverbero è un fenomeno naturale che le nostre orecchie avvertono sempre, una condizione normale. Anche nelle nostre case c'è un piccolo riverbero che non dà fastidio.

Per esempio, ci accorgiamo di questa sensazione quando togliamo le tende, i tappeti o spostiamo i mobili. Improvvisamente ci sembra di sentire un'eco, avvertiamo che la nostra voce o i rumori della stanza sono più lunghi, più persistenti.

In ogni casa, infatti, ci sono elementi che riescono ad assorbire le onde sonore riducendone la riflessione, come per esempio i tessuti, gli imbottiti, le tende, il legno naturale, i tappeti. Altri materiali, al contrario, agevolano la riflessione dei suoni: le superfici lucide e dure come i vetri, gli specchi, le pareti a smalto.

Quando ci si trova in un ambiente ampio e rumoroso, il fenomeno della riflessione può avere conseguenze molto fastidiose sulle persone perché aumenta l'inquinamento acustico dell'ambiente dal momento che quel rumore si aggiunge al rumore che, in ogni istante, c'è nella stanza.

Per la sua proprietà della riflessione, quindi, un suono viene rispedito verso il centro della stanza e torna alle orecchie dell'ascoltatore con un piccolo ritardo rispetto al suono originale.

Nelle nostre case o negli ambienti piccoli, il suono riflesso deve compiere una distanza minore per tornare alle nostre orecchie e, quindi, torna più velocemente: quando la riflessione impiega meno di 20-40 ms (millisecondi) per tornare alle orecchie, il nostro apparato uditivo non la distingue dal suono originale, anzi la percepisce come una sua componente che lo arricchisce.

Quando in un ambiente molto ampio, a causa della distanza maggiore delle pareti e delle superfici riflettenti, il suono riflesso impiega più di 40 millisecondi, allora il nostro cervello lo interpreta come una coda sonora fastidiosa.

SEGRETO n. 1: il riverbero è una fastidiosa sensazione sonora (come di rimbombo) causata dal fatto che i suoni emessi in una stanza – generalmente ampia – si riflettono sulle superfici e tornano con un piccolo ritardo verso la sorgente, mischiandosi e confondendosi così con i suoni emessi successivamente.

Un'ultima curiosità in proposito: il riverbero è tipico delle sale ampie ma non di quelle amplissime. I teatri, gli auditorium, i cinema sfruttano la riflessione per migliorare l'acustica interna.

Quando, infatti, le pareti sono distanti dalla sorgente sonora almeno 17 metri, il riverbero si trasforma in eco e la sensazione di rimbombo può essere piacevolissima, perché l'onda sonora arriva alle orecchie con un tale ritardo che sembra un nuovo suono che incontra armonicamente tutti gli altri.

Ma torniamo alla sala di un ristorante: in un dato istante avremo la contemporanea emissione di voci dei clienti e dei camerieri, musica, rumore di piatti, posate, sedie che si spostano.

Quello che succede è che, oltre ai suoni emessi in un dato istante, restano nell'ambiente anche i suoni emessi negli istanti precedenti che, rimbalzando sulle superfici, peggiorano la sensazione di rumore e fastidio.

Se il ristorante non ha sufficienti elementi ad assorbire questa dose di rumore, essa continuerà a permanere nell'aria per un po' sommandosi:
- alla dose di rumore dell'istante successivo
- alla riflessione del rumore emesso nell'istante successivo
- alla dose di rumore dell'istante seguente ecc.

È evidente che questo caos è percepito come un eccesso di rumorosità che crea disagio uditivo e fastidio. Si leggono spesso recensioni di clienti che si lamentano dell'eccessiva rumorosità di un locale o di un ristorante e questo fa calare il fatturato.

Il tempo di riverbero, tecnicamente, si chiama T(60) ed è espresso in secondi: indica quindi quanti secondi ci vogliono perché il suono perda 60dB, ovvero arrivi a un'intensità impercettibile o comunque tollerabile.

Normalmente, è raccomandabile e accettabile un T(60) pari a 0,8 secondi e tollerabile fino a un massimo di 1-1,2 secondi, anche se il livello ottimale dipende sempre dal volume della sala e dal tipo di uso a cui è destinata.

In genere, comunque, tempi superiori a 1,5 secondi equivalgono a un disagio.

È la legge sui requisiti acustici degli edifici a definire questi limiti; a noi capita spesso di fare misure fonometriche per la rilevazione del tempo di riverbero, per ristoranti e locali pubblici ma anche per le pubbliche amministrazioni che riservano sempre un'attenzione particolare agli ambienti educativi e scolastici.

Proprio lo scorso anno abbiamo realizzato una correzione acustica per una mensa scolastica nel comune di Costa di Mezzate: la struttura è molto ampia e accoglie bambini e ragazzi sia della scuola primaria sia secondaria.

In realtà il livello di tempo di riverbero rilevato era entro i limiti di legge, ma era comunque fastidioso per i ragazzi che in un ambiente così riverberante tendevano a urlare sempre di più per farsi sentire, peggiorando così progressivamente la sensazione di confusione.

Sulla base di formule e calcoli, abbiamo definito il volume di materiale fonoassorbente necessario per far calare il tempo di riverbero e abbiamo installato tutti gli elementi utili per un risultato eccellente.

Si pensi a quanto può essere fastidiosa la permanenza in un ristorante che, come ci è capitato qualche volta di rilevare, ha un tempo di riverbero T(60) pari a 3,5/4 secondi. Il risultato è un disagio acustico che non riesce ad essere ripagato o compensato né da una cucina entusiasmante né da un servizio impeccabile.

Per ridurre la sensazione di riverbero, occorre un intervento di "correzione acustica". L'obiettivo è quello di ridurre il tempo che impiegano i suoni ad esaurirsi e si ottiene aggiungendo all'ambiente dei pannelli fonoassorbenti, ovvero degli elementi realizzati con materiali ad alta fonoassorbenza che hanno la capacità di esaurire l'energia delle onde sonore e rendere l'ambiente subito più silenzioso.

E forse, qui è utile un piccolo approfondimento sui materiali fonoassorbenti.

SEGRETO n. 2: per risolvere il riverbero bisogna ridurre il tempo che impiegano i rumori di una stanza ad esaurirsi: per farlo, occorre una correzione acustica, ovvero l'installazione di materiali che assorbano l'energia dei rumori, dissipandola velocemente.

Materiali fonoassorbenti
Un materiale si può definire fonoassorbente quando è in grado di trasformare buona parte dell'energia acustica in un altro tipo di energia, solitamente termica.

In particolare, questi prodotti hanno una forma geometrica particolare che permette di esporre al suono quanta più superficie possibile e sono composti di un materiale estremamente poroso che riflette pochissimo le onde sonore che, quindi, riescono a penetrarvi con grande facilità.

A definire l'efficacia di assorbimento sono i seguenti elementi:

125

- la composizione del materiale (in termini di densità, porosità)
- il suo spessore
- la sua conformazione geometrica e la sua rigidità
- la distanza dalla superficie riflettente
- la frequenza del suono incidente che deve essere compatibile con le dimensioni delle cavità.

A seconda della funzione richiesta, del contesto, dello spazio e delle esigenze di design e arredo dell'ambiente, le soluzioni di fonoassorbenza sono diverse e comprendono, per esempio, l'installazione di:

- setti acustici e pannelli baffles da appendere in modo che scendano in verticale dal soffitto – a mo' di coltello per intenderci (più adatti ad ambienti industriali e spazi tecnici);
- isole acustiche appese in sospensione orizzontale, come delle nuvole colorate (ideali per ristoranti e sale conferenza);
- controsoffitti modulari in pannelli quadrati (adatti a uffici open space, call center, palestre);

- oppure materiale assorbente per risonanza di membrana, ovvero formato da fogli e pannelli elastici che vibrano quando sono investiti dalle onde sonore (di solito installati all'interno dei divisori acustici).

Per definire quanti metri quadri di elementi installare si applicano alcune formule fisiche che stimano il volume totale di fonoassorbenti che devono essere aggiunti all'ambiente per ottenere la riduzione desiderata del T60.

In genere i materiali fonoassorbenti sono tanto più efficaci quanto più è veloce lo spostamento d'aria al loro interno. E raggiungono livelli di massima efficienza quando hanno uno spessore pari a 1/4 della lunghezza d'onda del suono che devono schermare.

È per questa ragione che sono eccezionalmente efficaci per le voci (che come abbiamo visto hanno frequenze medio-alte e lunghezze brevi – una voce di 3.000 Hz ha una lunghezza d'onda di 11,5 centimetri) ma non per assorbire le basse frequenze.

Infatti, per assorbire efficacemente un'onda sonora di 100 Hz – che è lunga 3,2 metri – occorre un materiale di almeno 80 centimetri di spessore, il che non è immediato da realizzare.

Quando si installano pannelli e materiali fonoassorbenti, l'effetto di abbattimento del riverbero dei suoni è immediato, piacevole e durevole.

Si avverte subito che qualcosa è cambiato nell'ambiente, si ha una sensazione più calda e pulita ed è un effetto che dura per sempre: nessuna manutenzione, nessun ritocco e nessuna sostituzione.

Come accennato per altri materiali nei capitoli precedenti, anche i pannelli fonoassorbenti che utilizziamo noi sono tutti ecocompatibili, atossici, di derivazione non animale, non infiammabili, resistenti alle muffe, alle condense, al fuoco e sono ecosostenibili.

Ecco qui una piccola carrellata dei nostri materiali preferiti, sia per le loro caratteristiche tecniche sia per le performance che ci hanno garantito negli anni:

- lane minerali
- fibra di poliestere
- schiuma forte di espanso di polietilene.

Delle lane minerali abbiamo già detto molto nel Capitolo 2, ma riteniamo utile ribadire qui che sono materiali che hanno subito una grande evoluzione nel corso degli anni.

La loro attuale e incredibile composizione fa di loro degli alleati sia per la capacità fonoisolante (che contribuisce all'isolamento rallentando il passaggio delle onde sonore) sia per la caratteristica fonoassorbente: la loro porosità, infatti, fa penetrare i suoni e li trattiene molto efficacemente.

E ribadiamo anche le opinioni degli enti mondiali di salvaguardia della salute che ne confermano la non tossicità e ne escludono la cancerogenicità.

La fibra di poliestere è un materiale che deriva direttamente dal riciclo di PET, ovvero della plastica delle bottiglie per l'acqua. È completamente anallergico e atossico: non contiene sostanze nocive per la salute e, vista la sua origine, è anche perfettamente eco-sostenibile.

In sostanza è prodotto con fibre di PET ridotte e legate insieme senza l'uso di nessuna sostanza collante e di nessuna resina o polimero, ma semplicemente con il calore. Sono quindi termolegate e compattate in lastre di vari spessori e densità.

Grazie alla loro composizione, questi pannelli garantiscono un ottimo fonoassorbimento alle medio-alte frequenze e restituiscono un'acustica pulita, lineare ed estremamente definita, annullando con efficacia l'effetto di riverbero.

La fibra di poliestere è particolarmente indicata per l'utilizzo a vista, perché non cambia colore (resta di un bianco immutabile), non rilascia polveri, non teme l'umidità né fa condensa, non è attaccabile da microrganismi, né da muffe né da insetti. È leggera, facile da posare, tagliare e trasportare e poi è ignifuga e totalmente riciclabile.

Ultimo dei nostri materiali fonoassorbenti preferiti è il polietilene espanso in lastre semirigide a cellule chiuse. È uno dei prodotti più innovativi in acustica, e noi di Sorgedil lo utilizziamo spesso sia in contesti abitativi sia industriali.

Usiamo in special modo la versione sottoposta a un processo di doppia perforazione che ne fa un alleato strategico per le occasioni in cui occorre una prestazione altissima di fonoassorbimento con poca disponibilità di spazio.

E come gli altri, è atossico, è flessibile e autoportante ed è lavabile e applicabile a vista. E infine, la caratteristica che più apprezziamo: è un materiale che mantiene nel tempo le sue proprietà acustiche, non si sfibra e non si sbriciola e poi resiste all'acqua e all'umidità.

La ragione è che quando installiamo materiali e prodotti nelle pareti e all'interno di strutture sigillate che nessuno aprirà per anni e anni, vogliamo la garanzia assoluta che restino tali e quali nel tempo, che non cambino aspetto e non perdano efficacia e capacità isolante o fonoassorbente.

SEGRETO n. 3: la caratteristica più importante di un materiale per l'isolamento acustico è la sua durabilità: un'installazione insonorizzante resta chiusa e nascosta all'interno di una parete per decine di anni ed è importante che mantenga la sua efficacia e integrità nel tempo.

A questo proposito, per esempio, possiamo dire di non apprezzare molto, invece, il poliuretano espanso grigio, il classico materiale con cui sono fatti i pannelli fonoassorbenti bugnati, quelli che conoscono tutti: i classici del fai da te.

Si acquistano in fogli, sono autoadesivi e costano poco: sembrano proprio l'ideale ma non lo sono.

La prima ragione è proprio nella loro durata e durabilità: appena installati sembrano perfetti, ma quello che abbiamo constatato noi nella nostra esperienza quotidiana è che nel tempo perdono gran parte della loro struttura e resistenza. Si sbriciolano, sembra quasi si consumino.

Ma non solo, hanno un effetto assorbente molto spinto sulle stanze. I pannelli di questo tipo possiedono un potere fonoassorbente molto intenso orientato ad assorbire solo le più alte frequenze.

Quando si tappezza una parete o un soffitto o tutta la stanza di questo materiale si ottiene un immediato effetto di "risucchio". Improvvisamente sembra tutto più silenzioso, secco e asciutto: la voce sembra non diffondersi abbastanza, la musica sembra suonare in sordina.

Questo effetto, avvertibile da chi è nella stanza, produce il rumore e determina il bisogno naturale di alzare la voce, di aumentare il volume della tv.

Chi suona in una stanza del genere è costretto a suonare più forte per sentirsi e questo causa ancora più disturbo di prima anche perché aumenta di intensità le basse frequenze che non si fermano con un materassino grigio di spugna.

Il riverbero nella musica

Il tema della correzione acustica è centrale anche quando si parla di qualità del suono e di studi di registrazione.

È vero che l'eccessivo riverbero è fastidioso e ostacola la possibilità di godere al massimo dei suoni e della musica, ma è altrettanto vero che anche la totale assenza di riverbero è una sensazione spiacevole.

Un ambiente eccessivamente sordo, ovattato e assorbente elimina anche la piacevolezza della componente armonica dei suoni e della loro riflessione che, in alcuni casi, non è distinguibile dal suono stesso e va a riempirlo e ad addensarlo.

Il riverbero, infatti, è un fenomeno naturale che, quando non è eccessivo, dà profondità all'ambiente e completa, arricchendola, la sonorità della musica. Grazie al fenomeno del riverbero, per esempio, il cervello, in modo completamente automatico e inconsapevole, percepisce la posizione della sorgente sonora e sa collocarsi in relazione a essa.

In certi contesti, soprattutto, una tenue riflessione allunga alcune note, stratifica il suono e riempie l'ascolto in modo molto gradevole.

Per tale ragione nella progettazione di sale musica o studi di registrazione teniamo sempre presente questo elemento e sconsigliamo di ricoprire più del 40-50% della superficie con materiali fonoassorbenti.

SEGRETO n. 4: il riverbero, quando è calibrato e non eccessivo, è addirittura piacevole, soprattutto nell'ascolto della musica perché tende a completare e riempire i suoni. Al contrario, un suono troppo asciutto e ovattato peggiora la qualità dell'ascolto.

A proposito di sale musica, è questa l'occasione di introdurre anche il concetto di qualità del suono per la pratica e l'esercizio della musica, anche a casa.

In generale, chi vuole fare o ascoltare musica in un contesto privato, oltre a badare alla qualità del suono, deve progettare una soluzione che eviti di disturbare i vicini.

Per queste esigenze, sul mercato ci sono due alternative principali: acquistare una sala prove componibile, smontabile e trasportabile, oppure crearsene una fissa, stabile e per sempre connessa alle pareti di casa.

Prima di approfondire il tema della qualità del suono in questi due ambienti, ne richiamiamo un istante le caratteristiche. I box e le cabine componibili e insonorizzate si stanno affermando come una soluzione molto moderna e versatile per fare musica in casa, senza disturbare, e con una qualità del suono particolarmente piacevole.

In pratica sono piccole stanze, delle sale prova domestiche che si possono montare, smontare, spostare e trasportare ma anche modificare o ampliare in qualsiasi momento e, se si vuole, si possono anche rivendere.

Si possono costruire su misura e sono adatte per insonorizzare sia le voci sia il suono di tutti gli strumenti; sono adatte anche per l'esterno, hanno un impianto elettrico funzionante, un vetro blindato antirumore, una porta a tampone e un impianto di ventilazione integrato per il ricircolo dell'aria.

Ogni elemento che compone il box è prefabbricato e, a proposito di riverbero, è rivestito internamente con prodotti ignifughi e pannelli fonoassorbenti che, oltre all'isolamento verso l'esterno, garantiscono l'annullamento del riverbero interno.

E proprio per la risposta acustica eccellente e l'assenza di riverbero, i box sono adatti anche alla produzione e alla registrazione.

L'altra alternativa per la musica in casa è farsi costruire una stanza completamente insonorizzata che, quindi, preveda un intervento di isolamento acustico sulle pareti laterali, sul soffitto, sul pavimento ma anche la sostituzione (o il raddoppio) della porta e della finestra.

L'ideale, in questo senso, sarebbe conoscere esattamente l'analisi in frequenza dello strumento o degli strumenti che vi si suoneranno così da adattare l'isolamento acustico e la correzione acustica interna proprio alle loro caratteristiche di emissione oltre che alla dimensione della stanza.

SEGRETO n. 5: per realizzare un'ottima acustica nella produzione musicale, anche casalinga, si hanno due soluzioni: la realizzazione di un box componibile o la creazione di una stanza musica in casa.

Anche in questo caso, se la progettazione avviene tramite un professionista e la realizzazione è opera di esperti installatori, si ottiene un duplice risultato di abbattimento esterno del suono e di incredibile qualità acustica interna.

Il suono della voce, degli strumenti e dello stereo all'interno di una stanza di questo tipo è sempre calibrato e non risulta mai fastidioso o affaticante.

RIEPILOGO DEL CAPITOLO 5:

- SEGRETO n. 1: il riverbero è una fastidiosa sensazione sonora (come di rimbombo) causata dal fatto che i suoni emessi in una stanza – generalmente ampia – si riflettono sulle superfici e tornano con un piccolo ritardo verso la sorgente, mischiandosi e confondendosi così con i suoni emessi successivamente.

- SEGRETO n. 2: per risolvere il riverbero bisogna ridurre il tempo che impiegano i rumori di una stanza ad esaurirsi: per farlo, occorre una correzione acustica, ovvero l'installazione di materiali che assorbano l'energia dei rumori, dissipandola velocemente.

- SEGRETO n. 3: la caratteristica più importante di un materiale per l'isolamento acustico è la sua durabilità: un'installazione insonorizzante resta chiusa e nascosta all'interno di una parete per decine di anni ed è importante che mantenga la sua efficacia e integrità nel tempo.

- SEGRETO n. 4: il riverbero, quando è calibrato e non eccessivo, è addirittura piacevole, soprattutto nell'ascolto della musica perché tende a completare e riempire i suoni. Al contrario, un suono troppo asciutto e ovattato peggiora la qualità dell'ascolto.

- SEGRETO n. 5: per realizzare un'ottima acustica nella produzione musicale, anche casalinga, si hanno due soluzioni: la realizzazione di un box componibile o la creazione di una stanza musica in casa.

Capitolo 6:
Ritrovare il benessere acustico

Scopo di queste pagine era quello di raccontare e spiegare che risolvere i problemi di rumore è possibile, ma solo se si può contare su una strategia corretta ed efficace.

Non si tratta di acquistare dei materiali e basta, né di creare necessariamente contropareti o controsoffitti di cartongesso: qualsiasi scelta deve essere basata sulle caratteristiche dei rumori da ridurre e sulla necessità rilevata per ciascun ambiente.

Perché, come abbiamo accennato all'inizio, il benessere acustico non ha una misura esatta, ma dipende da chi lo vive, dove e per fare cosa.

E, per esempio, non coincide affatto con la definizione di silenzio. In una casa, per esempio, sono differenti i livelli di rumore accettabili a seconda dell'ambiente: in cucina si può tollerare un livello di rumore, in camera da letto un altro necessariamente inferiore.

Oppure negli ambienti di lavoro o di relax, per esempio, serve raggiungere un livello di piena tollerabilità e non necessariamente il silenzio.

Questo livello non è facile da definire a priori e, spesso, chi valuta o richiede un isolamento acustico lo fa senza avere chiari i risultati che si potrebbero ottenere o serbando aspettative impossibili da soddisfare.

SEGRETO n. 1: il benessere acustico è un livello di piena tollerabilità dei rumori e deve essere questo il proprio obiettivo quando si valuta un isolamento acustico. Il rischio di desiderare il silenzio ha come conseguenza la bruciante delusione e frustrazione di non riuscire a realizzarlo.

L'abbiamo accennato in un capitolo precedente ma vale la pena ribadirlo. L'installazione di un isolamento acustico per la riduzione di rumore va valutata tenendo conto sia del risultato sperato in termini di decibel rilevabili dopo i lavori, sia di altri elementi che sono: lo spessore, la spesa, l'usabilità.

Qualsiasi intervento di isolamento acustico infatti è, di per sé, sempre perfettibile nel senso che, aggiungendo altri materiali, lastre e membrane, e continuando ad aumentare e differenziare la massa e la densità del divisorio, i risultati in termini di insonorizzazione crescono di livello.

Ma aumentano anche la spesa e lo spessore occupato e, di solito, in modo non proporzionale all'aumento di risultato.

Va quindi considerato che, sempre tenendo conto del tipo di rumori, c'è un livello massimo ragionevole a cui si può arrivare e oltre il quale non vale la pena di investire. Ci sono, peraltro, anche dei rumori che non si possono schermare, per esempio quelli impulsivi.

I rumori impulsivi

È utile, a questo punto, precisare la definizione di rumore impulsivo. Un rumore è impulsivo quando ha alcune caratteristiche fisiche e quando determina alcune risposte particolari nel nostro organismo.

La prima caratteristica è la durata: in genere sono definiti rumori impulsivi quelli che, complessivamente, non durano più di un secondo e, anzi, che emanano tutta la loro energia in un tempo compreso tra 20 e 200 millisecondi, per poi calare d'intensità ed esaurirsi velocemente.

Il secondo elemento che contraddistingue fisicamente il rumore impulsivo è la sua intensità, ovvero la pressione sonora in decibel: i rumori impulsivi hanno variazioni istantanee e brusche di livello sonoro.

Talvolta superano i 120-140 dBA, che è la soglia del dolore, sempre da intendersi come decibel con ponderazione A, ovvero tarati sulla sensibilità dell'orecchio umano.

Tra i rumori impulsivi c'è, per esempio, un colpo d'arma da fuoco, il colpo di un martello, l'abbaio di un cane, il suono di una campana ecc.

Dal punto di vista neuro-fisiologico, la loro influenza sul sistema nervoso è sia funzione della loro frequenza (alta o bassa), sia della loro intensità istantanea. La sensazione negativa e disturbante è immediata ed è connessa con lo spavento e l'allarme che generano.

Senza dimenticare che sono rumori altamente pericolosi per la salute dell'apparato uditivo. Il nostro sistema uditivo ha un riflesso fisiologico molto utile (il riflesso stapediale) che serve a proteggere l'orecchio interno da stimolazioni acustiche troppo intense: quando avverte un rumore molto forte, per esempio, contrae dei muscoli interni per evitare l'eccessivo affondamento della staffa nella porzione più interna dell'orecchio.

Questo riflesso, però, ha una capacità di reazione di 10 millisecondi e, in caso di rumori improvvisi e impulsivi, non fa in tempo a proteggere le strutture.

Per la loro particolare forma fisica, i rumori impulsivi sono impossibili da schermare acusticamente. Un qualsiasi isolamento acustico, comprese le cuffie antirumore in dotazione a chi lavora esposto quotidianamente a questi rumori, non trattiene mai tutta l'energia sonora scatenata da questi rumori, che appaiono solo parzialmente ridotti nella loro intensità.

Esserne consapevoli da subito aiuta a non crearsi eccessive aspettative e ad essere soddisfatti nel constatare che, dopo un isolamento acustico, quei rumori si sono abbassati di molti dBA, ma non hanno perso la caratteristica di impulsività.

SEGRETO n. 2: i rumori impulsivi e improvvisi, caratterizzati da un'altissima pressione sonora e da una durata brevissima, non possono essere annullati da nessun isolamento acustico: possono essere solo ridotti in termini di intensità, ma rimangono impulsivi.

Detto questo, torniamo un istante alla strategia. Noi di Sorgedil ne abbiamo una consolidata ed efficace che utilizziamo da anni e che, peraltro, continuiamo a rivedere, correggere e perfezionare giorno dopo giorno.

La nostra strategia, sarà chiaro ormai a questo punto, consiste nell'applicazione di un metodo di lavoro infallibile che:

1. inizia sempre con una rilevazione fonometrica nell'ambiente rumoroso;

2. prosegue con una fase di studio dei risultati e di pianificazione dell'intervento di isolamento;

3. termina con la consegna dell'isolamento acustico completo realizzato in opera dai nostri addetti.

Rilevazioni fonometriche

Le rilevazioni fonometriche sono preziose occasioni in cui si riesce a misurare scientificamente il disturbo che deriva da suoni o rumori di qualunque tipo: voci, musica, attività industriale, artigianale o commerciale.

Una rilevazione fonometrica si può eseguire all'interno o all'esterno, in un appartamento, in uno stabilimento industriale, in un ufficio, in un locale, in un ristorante, in qualsiasi ambiente.

La misura è utile:

- per dimostrare l'intensità del disturbo e contestualizzarla;
- per valutare il grado di inquinamento acustico di un ambiente;

- per supportare il tecnico nella fase di progettazione e dimensionamento dell'isolamento acustico;
- per misurare il risultato finale di un'insonorizzazione.

È importante precisare che rilevare un suono e raccoglierne l'intensità è un lavoro che richiede l'utilizzo di uno strumento adatto, ma non solo: occorrono anche esperienza, competenza e grande perizia.

Tutti i suoni hanno caratteristiche diverse, alcuni sono monotoni e continui, altri sono impulsivi, e altri ancora sono continuamente variabili. Un istante si sente rumore, un istante dopo non si sente nulla.

Per siffatta ragione, una misura acustica eseguita con professionalità deve tenere conto di questa variabilità del suono, altrimenti risulterà incorretta.

Oppure, ancora, durante la registrazione, per esempio, potrebbero succedere eventi particolari che potrebbero lasciare un'impronta sonora che non ha nulla a che vedere con il contesto per il quale si stanno facendo le rilevazioni. Per esempio, il passaggio di un'ambulanza.

Se si sta valutando, mettiamo il caso, il livello di emissione sonora di un impianto di condizionamento, il picco sonoro impulsivo determinato dal passaggio dell'ambulanza va escluso dalla rilevazione per non falsare la misura e la media finale.

Solamente un tecnico esperto è in grado di agire su queste componenti per depurare le misurazioni di ogni elemento extra e ridurle al solo essenziale.

E, infine, la valutazione dell'edificio: oltre alla misurazione fonometrica è importante rendersi conto di quali potrebbero essere le dinamiche meccaniche e strutturali di ogni edificio/casa/capannone.

L'anno di costruzione, le eventuali planimetrie, la dimensione delle pareti, delle solette, il tipo di serramenti, di pavimentazione.

SEGRETO n. 3: il primo passo del nostro processo di progettazione di un isolamento acustico è la misura fonometrica completa. Se è eseguita da un professionista, permette di identificare i rumori, valutarne tutte le caratteristiche fisiche (intensità, durata, frequenza) e ipotizzarne l'impatto sia diretto, sia indiretto in termini di trasmissione laterale e vibrazione sulle strutture solide.

I tecnici competenti in acustica che incarichiamo per i nostri sopralluoghi sono professionisti noti e accreditati che non tralasciano nessuno di questi particolari.

La loro esperienza in termini di rilevazione di rumori è quotidiana anche perché sono coinvolti tutti i giorni nelle nostre attività di progettazione di isolamenti e di studio tecnico-acustico per la redazione di relazioni, perizie e valutazioni acustiche obbligatorie o previste dalla legge.

Studio dei risultati

La fase successiva alla rilevazione fonometrica è quella dell'analisi dei risultati: il tecnico che esegue la misura torna in studio, scarica le registrazioni e le analizza con maggiore precisione.

L'obiettivo qui è definire quali rumori schermare con quale strategia. Abbiamo detto che ogni rumore ha delle sue caratteristiche fisiche e che ogni materiale ha dei pro e dei contro.

Ma non solo, ognuno ha una sua densità e una sua massa e il segreto qui è combinare insieme tutte queste informazioni per definire una soluzione che combini le migliori caratteristiche dei materiali tra di loro visti nel contesto rumoroso specifico.

Le nostre tecniche SuonoStop™ (www.suonostop.it) e Vibraless® (www.vibraless.it) assicurano il massimo risultato in questa fase, perché garantiscono sempre il mix giusto di elementi per una riuscita eccellente.

La pianificazione dell'intervento si traduce poi in un progetto per il cliente e in un preventivo dettagliato di Sorgedil.

Qui ci teniamo a precisare un elemento che è anche un valore aggiunto importante della nostra operatività: quello che consegniamo ai clienti è un progetto di insonorizzazione che non è obbligatorio eseguire con noi.

È il risultato di un processo di valutazione e di ricerca portato a termine da parte di un professionista e che ha un valore intrinseco indipendente dal fatto che sia o meno propedeutico a un intervento di insonorizzazione svolto da noi direttamente.

SEGRETO n. 4: lo studio accurato che eseguiamo sui risultati della misura fonometrica porta all'identificazione degli strumenti da utilizzare per l'isolamento acustico: materiali, dimensioni, dosi e combinazione di tecniche.

Realizzazione dell'isolamento acustico
Comprese le caratteristiche fisiche dei rumori da eliminare e definiti i materiali da utilizzare, le quantità e l'ordine di posa e abbinamento, è il momento di realizzare l'isolamento acustico più efficace possibile.

Anche qui, siamo maestri: i nostri addetti e tecnici, che sono con me da una vita, sono regolarmente formati sulle nuove tecniche, sono disponibili, educati, lavorano in modo pulito e ordinato e soprattutto sono precisi.

Il vincolo della perfetta sigillatura dei componenti, la cura necessaria per il disaccoppiamento dei divisori sono argomenti per cui c'è bisogno della massima precisione e attenzione.

La posa è una delle componenti fondamentali di un qualsiasi progetto di insonorizzazione e il suo risultato dipende direttamente dalla precisione con cui viene realizzata.

Non è retorica questa, ma esperienza pratica. Si dice che anche per l'isolamento termico occorra il massimo della sigillatura, ma questo non è nulla rispetto alla precisione necessaria perché un isolamento acustico funzioni.

Facciamo l'esempio delle finestre acustiche. Si tratta di strumenti molto sofisticati, con una o più vetrocamere, dotate di tripla guarnizione e create su misura per ogni vano finestra.

Ma non basta. Perché installare male questi elementi ne pregiudica il risultato. Se si lascia un filo d'aria, o al contrario si procede con un fissaggio troppo rigido, tutta la tecnica e la maestosa ingegneria che c'è nella finestra vengono completamente annullate.

Lavorare con cura e precisione significa preoccuparsi di ogni dettaglio: le guarnizioni intorno alla finestra e tutti i punti di contatto con la parete e le altre aderenze, poi le spallette e i controtelai che vanno trattati e protetti adeguatamente con espansi speciali per non lasciare ponti acustici.

Si usano schiume speciali che non sono di semplice poliuretano espanso: sono schiume sigillanti monocomponenti e insonorizzanti, che garantiscono la tenuta all'aria di qualsiasi tipo di fessura tra materiali diversi e hanno una durata infinita.

SEGRETO n. 5: la cura, la precisione e la meticolosità dei nostri addetti nella posa dei materiali e nell'installazione delle strutture sono la chiave per un isolamento perfettamente efficace. Errori e imprecisioni inficiano la performance di qualsiasi elemento, anche dei più sofisticati.

Sorgedil non ha rivali in nessuna delle tre fasi descritte e questa non è solo una mia opinione. Sono decine e decine i clienti che mi chiamano soddisfatti, sollevati e contenti del ritrovato benessere acustico.

Per raccogliere tutte queste opinioni in un modo ordinato che certifichi la loro veridicità e la presenza di una reale fattura a monte della recensione, abbiamo recentemente deciso di affidarci a TrustPilot.

Si tratta di una piattaforma di recensioni e opinioni che verifica che chi scrive abbia effettivamente ricevuto e pagato un lavoro e non sia solo un amico del titolare.

Ecco alcune nostre recensioni (una è di un personaggio famosissimo) tratte dal sito internet della piattaforma certificata (https://it.trustpilot.com/review/www.sorgedil.it?utm_medium=trustbox&utm_source=Mini) che abbiamo scelto per raccoglierle.

Autore: Enzo Iacchetti
Valutazione: Eccezionale

Titolo: Competenza e qualità!

Competenza e qualità!

Autore: Davide Fratantonio, Vigili del fuoco di Milano

Valutazione: Eccezionale

Titolo: Puntuali e professionali

Puntuali e professionali nell'esecuzione di intervento di insonorizzazione.

Autore: Sig. Arnaboldi

Valutazione: Eccezionale

Titolo: Personale altamente professionale e…

Personale altamente professionale e qualificato: ho risolto felicemente un grosso problema di rumore: ora si dorme!!!

Autore: Mauro Attaianese

Valutazione: Eccezionale

Titolo: Serietà e professionalità

Personale competente e preparato. Lavoro eseguito con professionalità e cura.

Autore: Sonia Rugantini

Valutazione: Eccezionale

Titolo: Complimenti!

Complimenti! Sorgedil Roma si distingue per la sua professionalità, tempestività e attenzione verso le esigenze del cliente. I tecnici sono sempre chiari e molto competenti, dimostrando in ogni occasione la loro professionalità. Ottima esperienza.

E, per finire, ai clienti che affidano a noi il compito di ripristinare il benessere acustico delle loro case, diamo un livello di servizio eccellente anche in questo senso, offrendo la Garanzia rischio zero, ovvero la nostra Garanzia soddisfatti o rimborsati.

Maggiori informazioni visitando il sito:

https://www.sorgedil.it/garanzia-rischio-zero-soddisfatti-o-rimborsati-isolamento-acustico.html.

A certificare la bontà del lavoro e il raggiungimento del risultato saranno specifiche misure fonometriche ripetute dopo il completamento dei lavori.

Ci affidiamo, quindi, senza paura, a una misurazione tecnica che accerti la riduzione di rumore e siamo disponibili a rimborsare completamente il costo pagato se la misura individuasse livelli sonori non ridotti rispetto a quelli rilevati in precedenza o limiti di legge (di contenimento dei rumori) non rispettati.

SEGRETO n. 6: come se non bastasse la nostra straordinaria reputazione sul mercato, offriamo a tutti i clienti che si affidano a noi per l'isolamento acustico della loro casa la Garanzia soddisfatti o rimborsati più valida, solida e verificabile del mercato.

RIEPILOGO DEL CAPITOLO 6:

- SEGRETO n. 1: il benessere acustico è un livello di piena tollerabilità dei rumori e deve essere questo il proprio obiettivo quando si valuta un isolamento acustico. Il rischio di desiderare il silenzio ha come conseguenza la bruciante delusione e frustrazione di non riuscire a realizzarlo.

- SEGRETO n. 2: i rumori impulsivi e improvvisi, caratterizzati da un'altissima pressione sonora e da una durata brevissima, non possono essere annullati da nessun isolamento acustico: possono essere solo ridotti in termini di intensità, ma rimangono impulsivi.

- SEGRETO n. 3: il primo passo del nostro processo di progettazione di un isolamento acustico è la misura fonometrica completa. Se è eseguita da un professionista, permette di identificare i rumori, valutarne tutte le caratteristiche fisiche (intensità, durata, frequenza) e ipotizzarne l'impatto sia diretto, sia indiretto in termini di trasmissione laterale e vibrazione sulle strutture solide.

- SEGRETO n. 4: lo studio accurato che eseguiamo sui risultati della misura fonometrica porta all'identificazione degli strumenti da utilizzare per l'isolamento acustico: materiali, dimensioni, dosi e combinazione di tecniche.

- SEGRETO n. 5: la cura, la precisione e la meticolosità dei nostri addetti nella posa dei materiali e nell'installazione delle strutture sono la chiave per un isolamento perfettamente efficace. Errori e imprecisioni inficiano la performance di qualsiasi elemento, anche dei più sofisticati.

- SEGRETO n. 6: come se non bastasse la nostra straordinaria reputazione sul mercato, offriamo a tutti i clienti che si affidano a noi per l'isolamento acustico della loro casa la Garanzia soddisfatti o rimborsati più valida, solida e verificabile del mercato.

Conclusione

Siamo arrivati alla fine di questo viaggio nei suoni e nei rumori. Suoni e rumori che io, finora, ho trattato in modo assolutamente indistinto per un motivo molto semplice: perché sono, almeno dal punto di vista fisico, lo stesso identico fenomeno, ovvero onde sonore.

L'unica differenza sta nel modo in cui li percepiamo. Ci sono suoni e melodie che tutti amiamo e rumori sgradevoli che tutti detestiamo, ma c'è un ventaglio di sonorità che, invece, ognuno percepisce a suo modo.

Qualcuno ama un tipo di musica, qualcun altro non la sopporta. Qualcuno ama i rumori della natura altri ne sono irritati preferendo il rumore dei motori, ad esempio.

Ricordo un cliente, una volta, innamorato della musica che mi diceva che avrebbe pagato per avere un vicino che suonasse il pianoforte durante il giorno.

E un altro che, invece, avrebbe cambiato casa volentieri dal momento che aveva, come vicino, un compositore e maestro di pianoforte. È incredibile, ma è vero.

Ognuno ha una sua sensibilità e sue preferenze che non si possono forzare, zittire o trascurare.

Anche perché il rischio qui è alto, il benessere acustico è una sfera importante del benessere complessivo. Per esempio, ci sono momenti della giornata in cui non si ha voglia di sentire nemmeno i suoni più piacevoli, in cui si preferisce il silenzio; e quando questo desiderio/bisogno non viene accontentato, si soffre e qualsiasi suono diventa insopportabile e fastidioso.

Viviamo, peraltro, in un contesto storico e sociale sempre più complesso, siamo tutti testimoni del fatto che il silenzio non esiste più. Siamo accompagnati tutto il giorno, ovunque, da suoni non naturali di traffico, voci e strumenti elettronici e da musica diffusa in ogni dove, dal dentista, al supermercato, in ufficio, in macchina.

È un processo inarrestabile cui non ci si può sottrarre, è vero. Questo però non esclude il fatto che ci si possa lavorare: ognuno di noi è responsabile per la sua salute uditiva e per il suo equilibrio psicofisico e ha il dovere di fare il massimo per recuperare o mantenere forte quel famoso benessere acustico che è una prerogativa del benessere in generale.

E il benessere acustico si coltiva ogni giorno concedendo un po' di quiete a se stessi e alle persone a cui si tiene. Abbiamo scoperto, in queste pagine, che c'è sempre una soluzione che migliora la vita, in presenza di qualsiasi rumore.

A seconda della frequenza e dell'intensità del suono che si vuole eliminare, la soluzione può essere più o meno efficace o più o meno invasiva, ma è vero anche che, trattando un rumore in modo adeguato, avvalendosi di professionisti dell'acustica, si migliora la qualità della propria vita.

E abbiamo visto anche che è pericoloso fidarsi del primo che capita proprio perché le soluzioni vanno studiate prima che realizzate; per risolvere un problema bisogna identificarlo, dargli un volto e poi attaccarlo con la strategia più corretta ed efficace.

Capisco benissimo che qualche volta sia difficile trovare un professionista o verificarne le competenze, anche perché i 10 minuti che gli altri dedicano ai sopralluoghi sono brevi e non si ha nemmeno il tempo per fare delle domande, per analizzare la professionalità. Senza dimenticare che in 10 minuti sono tutti bravi a fare bella figura.

Spero di essere riuscito, in queste pagine, a fornire qualche elemento in più, a mostrare quanto sia complesso il tema dell'acustica ma anche a trasformare, almeno un po', il modo con cui si percepiscono i suoni.

Vorrei che chi ha letto fin qui inizi, da subito, ad avvertire la differenza tra le onde sonore che ascolta, a distinguerle in termini di intensità e frequenza e percepirne i diversi effetti sul sistema nervoso.

E sono qui, disponibile ad aiutare chiunque non voglia arrendersi al disagio che vive avendo, finalmente, colto l'importanza di recuperare, godere e vivere a pieno il suo benessere acustico.

Scopri di più su di noi: www.sorgedil.it.

Seguici su Facebook:
https://www.facebook.com/sorgedil.it/.

Oppure contattaci al numero verde: 800.926.016.